砂糖の
グローバル・イシュー

―植民地時代から現代まで―

田中　高

成文堂

はじめに

本書はこれまでに発表した砂糖をめぐる研究成果を、一冊にまとめたものである。序章から第6章までの計7章だてである。序章「砂糖の歩んだ略史——植民地時代から現代まで——」は書き下ろしで、砂糖が国際商品として世界中で流通するまでのプロセスを、時系列で叙述した。日本ではエリック・ウィリアムズ、シドニー・ミンツ、川北稔などの一連の作品で紹介されてきたテーマであるが、サトウキビ、甜菜(てんさい)の二つの作物を、日本の現状も併せて論じた。

第1章「日本製糖業の現状と課題について(前半)——縮小する市場と経営環境——」と第2章「日本製糖業の現状と課題について(後半)——糖価調整法と甜菜・サトウキビの現状——」の初出は、中部大学産業経済研究所の研究プロジェクトの成果で、それぞれ2016年と2017年に、『産業経済研究所紀要』に2回に分けて掲載された(『産業経済研究所紀要』2016年第26号、2017年第27号)。今回前半部と後半部として再録するにあたり、可能な限りデータを更新した。日本製糖業界は現在大きな変革の渦中にあり、再編成の動きはこれからも続くであろう。その意味で、常にアップデートする必要があるテーマだと思う。

第3章「日本・キューバ貿易と米国の対日政策——1960年代キューバ糖をめぐる3か国の外交姿勢とナショナリズム——」は、日本国際政治学会の発行する『国際政治』(2012年第170号)に掲載された論文である。筆者が砂糖について関心を持つようになったのは、2010年から11年にかけて半年間、勤務先の海外研究員制度を利用してハバナ大学キューバ経済研究所(CEEC)に在籍したことである。かつてキューバは世界最大の砂糖輸出国として君臨していた。資本主義市場経済圏で最大の砂糖輸入国であった日本との貿易・外交関係を、外交文書などを中心に論じた。革命直後の1959年7月に来日したゲバラ使節団の主目的が、砂糖の対日輸出の働きかけであったことも確認した。

第４章は第56回ラテン・アメリカ政経学会全国大会（2019年11月開催。於獨協大学）での報告「中米産糖に関する数量分析――エルサルバドル、グアテマラ、ニカラグアの事例――」（討論者清水達也）をもとに、『貿易風―中部大学国際関係学部論集―』（2020年第15巻）に発表したものである。筆者にとりデータを利用するモデル分析は初めての取り組みで、簡便な回帰分析を使用して、中米諸国の砂糖産業の定量分析を試みた。おそらく計量経済分析の専門家などからは、不十分なデータ処理と映るに相違なかろう。ただ中米糖業に関するこの種の先行研究は見当たらないので、オリジナリティーはあると自負している。

第５章「ハバナ憲章（1947年）とキューバ砂糖外交――ITO（国際貿易機関）会議はなぜハバナで開催され、日本はハバナ憲章をどのように受け止めたのか――」は書き下ろしではあるが、第59回ラテン・アメリカ政経学会全国大会（2022年11月開催。於神戸大学）の報告「国際貿易機関（ITO）1947年ハバナ憲章はなぜキューバで開催されたのか」（討論者ロメロ イサミ）、さらに中部大学産業経済研究所プロジェクトの成果である、「「自由貿易」という言葉は、大戦後わが国でどのように使われてきたのか――教科書、政府公文書、経済団体などの事例紹介と「埋め込まれた自由主義」の略述――」（『産業経済探究』2023年第６号）の二つを基にしている。未完の挑戦でもあったハバナ憲章の開催地をめぐるキューバ砂糖外交と、当時の日本外交当局や高校教科書が、同憲章をどのように受け止めたのかについて論じた。

第６章「国際砂糖協定の軌跡――輸出大国キューバの退場と輸入大国日本の凋落――」も書き下ろしである。国際砂糖協定の軌跡を戦前から現代にわたり、国際連盟と国際連合の公文書、さらに日本糖業界の資料を基に時系列にたどった。国際商品協定の中で、砂糖は小麦と並んで最も古い歴史を持つものの一つである。1902年にはブリュッセル協定が成立している。また国際連盟が熱心に進めた一連の国際商品協定の中でも、1937年国際砂糖協定は比較的順調に機能した。交渉妥結のプロセスでキューバ代表団の果たした外交上の役割も明らかにした。英国の熱心なアプローチがあったにもかかわらず、日本は台湾糖との兼ね合いもあり同協定に不参加を決めた。いっぽうで会場にオブザーバーとして出席した在英国日本大使館員は「可能な限り協定の精神を尊重する」という言葉を残している。第二次大戦後の国際商品協定の動きは、1960～70年代の資源ナショナリズム高揚の時期を過ぎて、現代ではすっかり衰えてしまった。とはいえ過度な市場メカニズムへの依存にも危惧があろう。国際商品協定挫折の経験から、将来の一次産品貿易のスキームを構築する際には、学ぶこともあるのではないだろうか。

なお本書には掲載しなかったが、筆者が『貿易風―中部大学国際関係学部論集―』（2022年第17号）に掲載した、マヌエル・モレノ・フラヒナル著『砂糖大国キューバの形成：製糖所の発達と社会・経済・文化』第９章の和訳も、併せてご覧いただければ幸いである（中部大学附属三浦記念図書館 https://library.bliss.chubu.ac.jp/　機関リポジトリよりダウンロード可能）。同書は1994年に邦訳が刊行されたが、第９章は訳者の本間宏之が途中で訳業を中断し未訳であった。砂糖大国キューバを理解するうえでの必読書であり、奴隷制の分析、カリブ海の砂糖生産国との比較、砂糖産業への米国資本参入の実態など、貴重な情報を提供している。ご関心のある読者には、ぜひ御一読願いたい。本書では「製糖」と「精糖」という言葉が混在しているが、この二つは同義語である（本書第１章26ページで簡単に背景を説明した）。一例として大手砂糖メーカーの業界団体名は「精糖工業会」だが、加盟企業名のほとんどは「製糖株式会社」と表記している。長い歴史を有する産業であることから、このような現象が生じていると思われる。読者の皆様におかれては、この点拘泥なきよう、あらかじめご承知おき願えれば幸いである。

こうして本書を刊行するにあたり、これまでの作業を振り返ってみると、歴史、経済外交史、経営史、貿易論、国際関係、計量分析など幅の広いテーマを扱っていて、それぞれの専門分野の諸賢からは、分析枠組みの希薄さや専門性の脆弱さについて、手厳しい批判を受けることは覚悟している。しかし砂糖という有力な国際商品のグローバル・イシューについて、現時点では通時的かつ包括的な研究は見当たらない*。さらに筆者のささやかな矜持はこの15年間、フィールドワークとして日本を含めた世界の砂糖生産国の現場を見てきたことである。身近な甘味資源として食することも多い砂糖であるが、やはり現場を見て歩かねば、なかなか実態はつかめないと感じてきた。

一例をあげると、砂糖に関して書かれた文献では、サトウキビは収穫後24時間以内に精製プロセスに投入せねばならないと記述してある。しかし農家に尋ねてみると実際には１週間くらいは放置していても大丈夫ということである（詳細は本書序章注１参照）。したがって本書の中心的な分析手法は地域を限定しない（フィールドワークに重きを置く）地域研究といえるかもしれない。その意味で方法論的には実験段階にあるともいえよう。成否については、読者の皆様のご判断を仰ぎたい。

2024年３月

田中　高

＊　インターネット検索サイトで「日本製糖業」という語句を探すと、驚くことに拙稿（本書第１章の原作）が最上位にヒットする（2024年３月現在）。筆者の専門分野は国際関係論、中南米地域研究である。製糖業（精糖業も同義）は産業（インダストリー）として最も古い歴史を有する人類の営みであるにもかかわらず、先行研究がほとんどなかったことの証左であろう。研究層の薄さと、研究対象の偏りがこのような結果となっているのかも知れない。

目　次

序章

砂糖の歩んだ略史
――植民地時代から現代まで――

第1節　サトウキビのたどった軌跡

(1)　アジアから新大陸に

砂糖は最も長い歴史を持つ国際商品の一つである。砂糖の栽培起源種はニューギニアで発見されたサッカラム・オヒキナラム（Saccharum officinarum）で、紀元前1万5000年から同8000年の間に、その祖先種であるサッカラム・ローバスタム（Saccharum robustum）から派生したとされる。インド原産説もあり、紀元前1500年から同600年頃にサトウキビに言及した史料があるという。サッカラム・オヒキナラムは長い伝播の過程で自然交雑や突然変異を繰り返しながら、熱帯や温帯の気候に適応する性質を獲得し、インドシナ半島、あるいはその周辺の海域を経て中国、インドに到達した。イラン、イラクを通りシリア、エジプト、地中海沿岸地域から、アフリカ西岸を経て新大陸にも渡り世界中に広まった。

15世紀に「発見」された新大陸への伝播の経路は以下のようである。広大な植民地となる西半球の宗主国となるスペインとポルトガルはまず、地中海を経てアフリカ大陸北西端の大西洋岸に位置する、マデイラ諸島、カナリア諸島、アゾレス諸島、ヴェルデ岬諸島などでサトウキビ栽培の実験を開始する。ポルトガル人は15世紀初めには、マデイラ島で森の多い火山性の丘陵地を発見し、サトウキビの栽培に着手したのち、ポルトガルへの砂糖輸出をスタートした。ギャロウェイ（J.H. Galloway）は、西アフリカのマデイラ、アゾレス諸島は、その後新大陸で隆盛を極めることになる砂糖生産の訓練所となったと表現する（Galloway［1989：48］）。こうした西アフリカ沖合の島々では、限定された人数ではあるが、アフリカ人奴隷を使役するプランテーション型の栽培が、かなり以前から始まっていた。その中で最も成功した島の一つが、ポルトガル領サントメであった。サントメはその後、新大陸に向かう奴隷船の集積基地の役割を果たすことになる。

やがて製糖に使用する木材の不足などから、アフリカ大陸北西沿岸諸島におけるサトウキビ生産は衰退する。新大陸を「発見」したコロンブスが第二回目の航海で、サトウキビの種をカリブ海のイスパニョーラ島（現在のドミニカ共和国とハイチ）に持ち込んだことが、新大陸と旧大陸、ひいては世界史全体の流れを大きく変えるきっかけとなる。コロンブスの義父がサトウキビの栽培に携わっていたこともその理由の一つと指摘されている（アンドウ［1983：35］）。サトウキビはその後カリブ海地域を中心とするスペイン領植民地に広まるが、スペイン南部の砂糖産業を保護するという貿易上の制約や、労働力不足、伝染病の流行などで生産活動は一時的に停滞した。他方ポルトガル領となったブラジルの砂糖栽培は後述のように、カリブ海域よりも時期的には遅れたが、先住民人口が比較的多く技術改良の成果もあり、生産は順調に増加した。

（2） 製糖プロセスの概要

ここでサトウキビから白糖を生産するまでの工程について簡述する。砂糖は通常の農産品と異なり、サトウキビの播種、栽培、刈り入れは農業であるが、原材料となるサトウキビから粗糖（＝原糖）を生産する過程は、食品製造業＝工業である。サトウキビは収穫してからほぼ24時間以内に製糖工場に運ばねばならない[(1)]。そうしないと、幹から糖分が流失してしまい、商品価値が下落する。この性質は現在も同じで、収穫したサトウキビ株をいかにしてトラックなどで製糖工場に迅速に運ぶかが、収益上肝要である。16～17世紀の砂糖プランテーションは、播種・栽培・刈り入れ作業の大部分を人力す

（1）24時間というのが定説であるが、筆者が2022年２月に久米島で行った農家とのインタビューによると、実際にはサトウキビは収穫後、手刈りの場合は１週間程度、ハーベスター（機械収穫）の場合は２～３日は貯蔵可能とのことであった。気候、品種による違いもあるが、放置して１～２日位では、むしろ糖度は上がるという指摘もある（琉球分蜜糖工業会［1964：13］）。

なわち生産性の低い奴隷労働に依存していた。他方サトウキビ株から糖分を搾汁する作業工程は、初歩的な手工業による食品製造プロセスであった。その工程は次のようである。

まず素朴な圧縮機により汁を絞り、木製の長い管で煮沸場に送られる。煮沸場にはいくつかの大きさの異なる銅製の釜が並んでいて、最初に一番大きな釜に絞り汁——これはラム酒の原料にもなる糖蜜と呼ばれるもの——を流し込み、不純物を取り除く。人力やラバを使い、その釜をかき混ぜる。釜の加熱には木材やサトウキビの搾りかすであるバガスが使われるが、周囲は高熱で包まれ、労働環境は劣悪である(2)。

しぼり汁には不純物を取り除くための石灰が加えられて、何度もすくいあげる。長い柄の柄杓で不純物を取り除きながら、次々に小さな釜に移していく。最後の最も小さな釜になると、しぼり汁はキャラメルのようなねばねばしたシロップ状になる。次の工程で、このシロップを冷まし結晶化させる（アボット［2011：22, 112］）。結晶を人力で攪拌させて起晶させ、固まりを木箱や缶などに移す。最終的には、淡い褐色から黒褐色で、レンガ状の黒砂糖となる。日本では含蜜糖と呼ばれる（日高・岸原・斎藤編［2009：65］）。

褐色あるいは黒褐色の粗糖は何世紀にもわたるたゆみない創意工夫を経て、液体凝固、加熱と冷却を繰り返しながら、より純度の高い糖に作る精製糖技術へと発展していった。現代では遠心分離機（centrifuge）を用いて、活性炭、骨炭、イオン交換樹脂も利用しながら不純物を取り除き、無色透明な白糖を作っている(3)。日本では分蜜糖と呼んでいる。

以下本章ではもっぱらブラジル、カリブ海域島嶼国における砂糖生産のたどった軌跡について述べるが、砂糖生産の基本的な構造はどの地域でもほぼ同じである。サトウキビから取り出した糖分を繰り返し精製しながら、含蜜

（2）サトウキビ農業をめぐる労働環境の問題点は、現代にも通底する課題である。2020年1月4・5日付ニューヨーク・タイムズ紙は、フィリピンのネグロス島における、砂糖プランテーションをめぐる大地主と小作人の激しい対立を一面トップで報じている（*New York Times*, January 4-5, 2020.）。さらに2024年3月25日付ニューヨーク・タイムズ紙は、やはり一面トップで、“Brutality of sugar in India”と題する長文の記事を掲載し、インドのマハラシュトラ州におけるサトウキビ労働に従事する女性と児童の過酷な労働環境について、厳しく告発している（*New York Times*, March 25, 2024.）。

糖、分蜜糖などに種類分けしつつ商品化し、国際商品として流通させたのである。なおサトウキビと同様に砂糖の原料となる甜菜(てんさい)についても、後に簡述する。

(3) ブラジルのサトウキビ生産

ここでブラジルの砂糖生産の推移について、少し立ち入って説明しておきたい。というのも、従来の歴史研究ではカリブ海域における砂糖生産の隆盛が、三角貿易やそれに関連する世界システム論との議論で大きく取り上げられてきたにもかかわらず、ブラジルの砂糖生産の役割がともすれば十分に言及されていないと感じられるからである。布留川正博が主張するように「16世紀から17世紀前半にかけては、ブラジルが世界最大の砂糖生産地であり、その生産と貿易を支配していたオランダ人がブラジルから追放されて以降、砂糖生産の中心地がカリブ海に移動した」のである（布留川［1988：193］）。ブラジルは17世紀末から18世紀にかけて、中心的な生産地としての地位をカリブ海域の島々に譲ったが、ブラジルの奴隷制砂糖プランテーションは19世紀前半まで生きながらえた。現代においては、ブラジルは世界最大の砂糖生産国であるのと同時に輸出国でもある。

ブラジルは1500年にポルトガルの航海者カブラルがブラジルに到達し、トルデシリャス条約に定められた東西分割線によりポルトガル領となる。ブラジルはその後サトウキビ栽培で隆盛を誇るが、糖業が大規模な輸出向け農業として発展した理由として、次の要因が考えられている。資本、土地、労働力の生産要素の順で述べると、資本はオランダに亡命していたユダヤ人から

（3）サトウキビ生産地近辺の製糖所で粗糖（糖度96未満）を仕上げるのであれば、なぜ精製糖（糖度96以上）にまで純度を高めて完成品を作らないのか、という疑問がわく。そのほうがコスト効率も良いし、生産者と精糖業者双方の利益も向上するのではないか、と。スミスは粗糖と精製糖の分業体制は重商主義を反映したものであったと指摘する。すなわち「植民地を母国に原材料を供給するための場所としつつ、さらに母国で作った製品を植民地に輸出して富を得る」（スミス［2016：29］）のがねらいであった。ギャロウェイは現代にいたるまで、この分業体制が継続している点について、「長期間の航海で湿気により砂糖が劣化したり、あるいは最良の品質を求める消費者の要求に応じるため」「粗糖輸入国政府は、精製を国内で行うことで、雇用を創出する狙いもあった」と指摘する（Galloway［1989：17］）。

調達した。1496年、ポルトガルのマヌエル一世はスペインの要求に押されて、キリスト教の洗礼を受けないユダヤ教徒とイスラム教徒に対して国外退去を命じた。かくしてポルトガルのユダヤ人系市民の多くは、オランダのアムステルダムに脱出した。これがきっかけとなり、アムステルダムに居住するユダヤ人とブラジルとの接触が始まる。

1580年、スペインのフェリペ二世は、血縁を理由にポルトガル王位を主張し、ポルトガル王として即位を宣言した。この結果ポルトガルは1640年までスペインに併合された。オランダ独立戦争（1568～1648年）の期間を挟んでブラジルはスペイン支配下にあり、オランダ人の侵略の対象となった。1621年、オランダは西インド会社を設立し、その後24年間アフリカとアメリカ西大西洋岸の貿易を独占した。1641年、ポルトガルとオランダは10年間の休戦条約を結んだが、オランダは休戦条約が発効する以前に、ブラジルの大西洋岸の沿岸地帯を占領した。そして多くの新キリスト教徒とユダヤ人が、大西洋沿岸のペルナンブーコに集まった。この結果ユダヤ系商人の豊富な資本が、サトウキビ生産に注入されることになる。

生産要素としての土地は次のようである。現在のバイア州サルバドール以北のリオ・グランデ・ド・ノルテ州のナタルにかけての海岸に沿った50～300キロの幅の森林地帯は、マサッペ（massapé）と呼ばれる粘土質の腐植土層で、サトウキビ生産の耕作適地であった（アンドウ［1983：38］）。土地所有と土地利用形態は、ポルトガル植民地であったことが大きく影響した。ポルトガル王室は十分な資金も軍事力もなかったために、植民地時代の端緒から、領地を有力な臣下に世襲財産として分与し、開発と防衛の義務を課した。これをカピタニア制度と呼ぶ。カピタニア制度のもとでは、裕福なカトリック教徒の植民者が開墾のために土地の分譲を願い出た場合、これを無料で分譲せねばならないという決まり、セズマリア（＝土地譲渡制度）があった。セズマリアのもとで農業・牧畜の開拓の基礎が築かれた。セズマリアを譲与された植民者は一定の期間内に未開地を開拓する義務があり、開拓しないと没収されるというルールがあった。かくして砂糖製造を企てた多くの植民者は、競うようにしてセズマリアを取得したのである（アンドウ［1983：38-41］、山田［2000：130-134］）。

セズマリアを入手してサトウキビ生産に乗り出した貴族などの富裕層は、開拓地に広大なサトウキビ畑を作りながら、独特の「箱庭」のような世界を築いていく。サトウキビ生産と精糖に要する大工工場、皮工場、鉄工場、レンガ工場、襲撃に備えて堅牢に作った農場主の大邸宅、数十頭の労役牛、数十人から200人くらいの黒人奴隷からなる生産単位はエンジェニョ（engenho）と呼ばれ、1世紀以上にわたりブラジル経済の基盤となった。

サトウキビ生産で重要な生産要素の役割を持つのは労働力である。生産に必要な労働力は、当初ブラジルの先住民が使役されたが、やがてポルトガルが拠点を有していた西アフリカ沿岸部から輸入される。歴史上大規模な奴隷貿易がスタートするのは、西アフリカ沿岸部とブラジル間であった。カーティン（Philip D. Curtin）の推算値によると、1451年から1870年までにアフリカからブラジルに輸入された黒人奴隷は364万8,000人に上る（Bouie［2022］, Curtin［1969：268］）(4)。西アフリカ沿岸部とブラジルは距離的にも近く、南東貿易風と偏西風により航海も安定していた。アンゴラからブラジルの航海途中の死亡率は、カリブ海への死亡率に比べて30～50％少なかった。奴隷の死亡率が低いため、より多くの奴隷が運ばれ、奴隷一人当たりの輸送費用は安価に抑えられた（Curtin［1998：52］）。

最後に生産要素としての技術進歩についても触れておきたい。以下述べるように、ブラジルでは砂糖生産に革命的な技術進歩が起きた。従来の生産方法を踏襲する製糖所では、サトウキビの煮汁を過飽和状態まで煮詰める大釜は一つであったが、ブラジルでは複数の釜を備えたシステムを作り出した。大釜のほかに大きさの異なる三つの釜が備えられ、糖液を徐々に小さな容器に柄杓で移す。作業の現場監督は作業のプロセスをしっかり把握できるようになり、大規模な生産が可能となった。17世紀初頭に導入されたこの3ローラー圧縮機により、年間生産量は0.25～0.4トンから、導入後には0.5トンに

（4）カーティン等のグループは1960年代に1万1,000にも上る航海記録を分析し、奴隷貿易の詳細を明らかにした。その後各国の研究者も参加して英国、オランダ、フランス、ポルトガルの一つ一つの詳細な航海記録がまとめられてデータベース化され、Slave Voyage database（https://www.slavevoyages.org/voyage/database）として一般公開している。

3ローラー圧縮機　ベルリンにあるドイツ技術博物館
（筆者撮影）

増加した。3ローラー圧縮機はオランダ商人をとおして、1640年代にはカリブ海の英領バルバドスに、さらにはスペイン領キューバなどにも浸透した(Galloway［1989：75-77］)。

第2節　カリブ海域の砂糖プランテーション

（1） ブラジルからカリブ海域

17世紀になると、ブラジル東部を一時的に領有していたオランダが撤退したのち、砂糖産業に携わっていたスペイン系ユダヤ人（セファルディ）の投資家や商人、農園主たちは迫害を恐れ、ペルナンブーコから逃げ出す。彼らが最初に向かった先はカリブ海域のオランダ領島嶼植民地だったが、やがて英領バルバドスに新しい製糖技術を広めることになる。数年後にはヨーロッパへの砂糖供給は過剰となり、価格が下落した。このためブラジル北東部の糖業は、徐々に衰退の道をたどった。

ブラジルから砂糖栽培の技術を伝承した英領バルバドスは、18世紀初頭の約20年間、カリブ海域で最大の砂糖輸出量を誇ることになる（バーンスタイン［2019：135-138］）。砂糖輸出のもたらす富に引き寄せられた英国は、ほかのカリブ海域にある様々な島嶼にも目を向けた。かくして長年カリブ海域の覇権を握り、最も条件のよい土地を領有してきたスペインと英国との紛争が不可避となった。その後フランス、オランダ、米国などがカリブ海域の勢力争いに参加する。

カリブ海域はそのためスペイン、英国、フランス、オランダ、米国などの西洋列強諸国が激烈な植民地獲得の陣取り合戦を繰り広げた主戦場となった。海賊や私掠船が、スペインが新大陸から本国に運ぶ金・銀などの貴金属を載せた輸送船を攻撃し、略奪した。カリブ海域は絶好の狩猟場でもあったが同時に16世紀から17世紀にかけて、同海域ではサトウキビ生産が一気に高まり、従来の略奪型の富の形成から生産型の収益追求へと大きく舵を切ることとなった[(5)]。

カリブ海域は気候や土壌条件から、当時国際商品としての地位を築きつつあった砂糖の理想的な生産地でもあった。この地で不足していたのは、サトウキビ栽培に要する労働力であった。労働力の確保はサトウキビ生産に必須の要件である。労働力を確保するために、大量の黒人が奴隷としてアフリカから送り込まれた。周知のようにこれが現在に至る、人種間対立、人種差別問題の淵源となる。

バルバドス、ジャマイカなどの英領西インド諸島では、サトウキビ栽培の初期の労働者は白人の自由民であったが、17世紀の終わりになると、そのほぼ三分の一は囚人が占めていた。17世紀中頃、オランダ人は積極的に仏領、英領のカリブ海諸島に砂糖生産技術を伝播した。そして製糖に必要な器具や

（5）後年歴史家たちがカリブ海域の砂糖生産をめぐる世界貿易システムを、三角貿易と名づけることになったのは、次のような背景からである。まずヨーロッパから西アフリカに主として織物、武器、弾薬、雑貨類などが送られ、取引にはアフリカ人商人も加わり、黒人奴隷がカリブ海域に送られる。そしてカリブから砂糖（＝粗糖と糖蜜）それにラム酒がヨーロッパに送られた。このシステムは固定したものではなく、時代により変化した。例えば英領北米植民地からヨーロッパ向けではなく、アフリカ向けのラム酒の輸出が増加すると、英国の重商主義政策と利益相反することになり、その後の北米植民地の独立運動のきっかけともなった（ウィリアムズ［1987：94］）。

黒人奴隷の売却を申し出た上に、砂糖の買い取りも行った。黒人奴隷が鋤や鍬の扱いに秀でているだけでなく、暑さにも強く、カリブ海域島嶼部にはびこる恐ろしい伝染病である黄熱病やマラリアに対する免疫も備えていたことが知られている（バーンスタイン［2019：140］、Curtin［1998：81-82］、Galloway［1989：80］）。

（2） 砂糖プランテーション型農業の発展

カリブ海域でのサトウキビ生産の主体はプランテーション型農業で、そのための分業体制が構築された。ここでいう分業はサトウキビの大規模生産に要する播種・刈り入れ作業と、サトウキビから搾汁する製糖部門の二つの役務分担のことである。サトウキビ栽培も製糖作業もどちらも過酷な条件下での危険な労役であった。前者は高温多湿の下での播種・刈り入れ農作業であり、後者は熱湯に身をさらす労働で火傷や打撲が絶えなかった。

プランテーション型農業は耕作面積が広いことから、大地主＝経営者が奴隷＝使用人を組織的に管理することになる。プランテーションは通例は平地で発達したが、見張り台を設置して監督が奴隷を監視するシステムができた。

カーティンによるとプランテーションの特徴は以下の６項目である。１．労働力の大半は奴隷制に基づく強制労働による。２．新規流入人口により労働力は維持される。３．農業経営体は、大規模な資本制により成立する[(6)]。４．資本制的ではあったが、プランテーションは封建的な特徴も併せ持っていた。労働時間中に監視しただけでなく、日常生活においても、何らかの慣習的な支配権を行使した。５．プランテーション農業は当初は砂糖生産が代表するものだったが、のちにコーヒーや綿花にも見られるように、非常に特化した輸出向け生産物を供給するための生産様式である。６．プランテーションはヨーロッパの中心部と結びつく他大陸からの、そして異なる文化による政治的な支配の影響を受けた（Curtin［1998：11-12］）。

（６）ミンツは砂糖プランテーション型生産様式は、奴隷労働に依存していたので、資本制生産様式とは異なると指摘する（ミンツ［1988：132-133］）。

なおキューバ人経済学者のフラヒナル（Manuel Moreno Fraginals）によれば、プランテーションの労働力には様々な雇用形態があり時代とともに変化した。そして農業プロレタリア、契約・債務労働者、未熟練労働者が混在していたと指摘する。キューバでは奴隷労働から賃労働への雇用形態の転換は、それぞれ背景の異なるスペイン、ハイチ、ジャマイカ、中国などからの移民によって進展した（田中［2022］）。

カリブ海域をめぐるスペイン、英国の覇権争いにその後はフランスも加わるが、プランテーション型砂糖生産をめぐる英国とフランスの争いは次のような様相を呈した。時系列でみると17世紀後半、英領バルバドスと仏領マルティニークおよびグアドループが最大の砂糖生産地となり、18世紀は仏領サン＝ドマング（Saint-Domingue：現在のハイチ）と英領ジャマイカ、19世紀以降はスペイン領キューバがそれぞれの時代における、この地域最大の生産地の座を占めることになる。

（3） 英国とフランスの確執

英領と仏領での砂糖生産には、以下のような確執があった。1725年にかけて、英領西インド諸島では耕作可能地はほぼすべて開発しつくし、農業フロンティアは消滅し、外延的な成長は見込めなかった。さらに地味も枯渇していたので、生産技術では収穫量を増やすことは難しく、単位当たりの生産量増加も限界に達していた。1730年にかけて、ジャマイカでは海岸部のサトウキビ畑はより内陸部へと向かったが、製糖の全費用のうち輸送費が増加し、それだけ収益性が減少した。

これに対して仏領マルティニーク、グアドループ、サン＝ドマングで生産される砂糖は、英領バルバドス、ジャマイカ産砂糖より安価であった。その理由は、フランスがいち早く灌漑設備を建設し、生産性の向上に成功したこと、またサン＝ドマングはもともと土壌が肥沃で、気候も砂糖生産に適していたからである。

英国は茶の消費量増加に比例して、補完財である砂糖の消費量も増え、両者の消費は強い相関関係にあった。これと比較すると、フランスはワイン嗜好が強く、砂糖消費はそれほど伸びなかった。フランスは国内産ブランデー保護のため、競合財であるラム酒の原料となる糖蜜の輸入を好まなかったのである（Galloway［1989：87-88］）。このため英領西インド諸島の砂糖生産大農園主たちは、競争相手である仏領西インド諸島からの北米向け糖蜜輸出を阻止するべく、本国内で強力な圧力団体を作り、以下述べるように、英国政府に圧力をかけてこれを封じた。かくして英領西インド諸島産糖は保護法に守られて、特権的扱いを受けることになった（ウィリアムズ［1978：309］、ウィリアムズ［1987：131］）。

上の保護立法の流れは次のようである。英国議会は1733年糖蜜法を制定し、糖蜜1ガロンにつき6ペンスの関税を賦課する。これは事実上の禁止関税となり、むしろ密貿易を助長した。1764年には砂糖法が制定され、仏領西インド諸島からの精白糖の輸入を高関税により禁じ、英領西インド産の精白糖の独占販売を企図したが、北米の英領植民地では高価な英領産の砂糖の輸入に不満が高まり、周知のように米国の独立運動につながった（ウィリアムズ［1987：第6章］）。要するに英国は、北米植民地において、安価な仏領西インド産糖蜜・精白糖の輸入を排除し、割高な英領西インド産精白糖の市場を保護するために関税を引き上げ、それゆえ北米植民地側の反発を招き、独立運動へと発展する一つのきっかけを作ったのである。

この間、カリブ海域における英国とフランスの勢力範囲は、1754年に勃発したフレンチ・インディアン戦争（7年戦争とも呼ばれる）の結果、大きく塗り替えられた。1763年のパリ講和条約により、勝利国英国はフランスにマルティニーク、グアドループ、サンタルシアを返還し、キューバをスペインに譲りフロリダとカナダを獲得した。主要砂糖生産地であった仏領マルティニークとグアドループは一時的に英領となったものの、二島があまりにも安く砂糖を生産するので、英国内の砂糖価格の下落を恐れた英領西インド諸島砂糖大農園主たちの反対でマルティニークとグアドループはカナダと交換され、再び仏領となった経緯がある（川北［1996：143-144］）。

以上のように18世紀、カリブ海域では砂糖をめぐって英仏植民地間で激しい経済競争が繰り広げられた。同時に奴隷制プランテーションが最も拡大した時期でもあった。しかし1789年のフランス革命を契機として1791年にはサン＝ドマングで奴隷の反乱が勃発し、1804年に解放奴隷の支配するハイチ共和国として独立した。フランス人農園主たちが退去したこともあり、砂糖プランテーションは壊滅的な打撃を受ける。この間ジャマイカがカリブ海域最大の砂糖生産地となり、やがて1770年頃から奴隷制プランテーションによる砂糖生産を拡大していたキューバが、主要な砂糖生産地として台頭することとなった。

19世紀になると、カリブ海域の砂糖生産の根幹を支えていた奴隷制に大きな変革の波が押し寄せた。1807年の奴隷貿易禁止法により、英領植民地で奴隷貿易が禁じられた。1833年には奴隷制度廃止法が成立し、英領全域で奴隷制度そのものが廃止された。このため奴隷労働に依存する英領西インド砂糖プランテーションは、崩壊の危機にさらされた。その間隙をぬって奴隷制度に依存する砂糖プランテーションを有するブラジルとキューバが躍進し、英領西インド諸島の砂糖生産は急速に競争力を失った。

第３節　砂糖大国キューバの躍進と衰退(7)

その後キューバは19世紀から20世紀にかけて世界有数の砂糖生産国の地位を占めるに至った。ここでその盛衰について簡述する。キューバでは1523年にサトウキビ栽培が開始されていたという記録はあるものの、その後製糖業の発達はなかった。製糖業が軌道に乗るのは1762年になってからである。フレンチ・インディアン戦争中のこの年、英国は10か月間ハバナを占領し、英領西インド諸島の奴隷をキューバに連れてきた。戦争が終結し英国人が撤退した後も、キューバの砂糖生産者は生産と取引をめぐり、スペインの重商主義体制から離脱し、より自由な政策を希求した。

キューバが砂糖大国へと変貌する一つの転換点となったのは、サン＝ドマングで黒人奴隷の反乱が起き、フランス人が奴隷を連れてキューバに移住したことである。フランス人たちはキューバに砂糖プランテーションと製糖所を建設した。キューバは、土壌が新鮮で地味が豊かだったことや適度な降雨量にも恵まれていた。また英領西インド諸島の砂糖貴族と呼ばれた砂糖生産

（７）キューバ糖業の歴史的変遷については、田中［2022］参照。

者と異なり、キューバの砂糖生産者は農場に住みながら労働者を監督し、製糖所を運営した。さらに彼らは旧式の畜力を初期の段階から駆逐し、最新式の機械を導入した。またラテンアメリカで最初に敷設された鉄道、港湾施設など輸送システムのインフラストラクチャーが整備されたこととも相まって、急速に生産量は拡大した。砂糖生産には季節労働力が不可欠であるが、基本的には奴隷制を維持することで労働力を確保した。かくしてキューバは世界で最も生産性と費用効率の良い砂糖生産地となり、1840年代から1870年代にかけては、世界の砂糖生産の25～40％を占めるに至る。

1897年から1930年までの間に、米国資本の流入が刺激となり、カリブ海域では大規模プランテーションへの土地集中が生じた。20世紀に入るとキューバでは、ドミニカ共和国やプエルトリコなどを上回る速度で、砂糖生産の集中が進んだ。1860年に2,000を超えた精糖工場数は、1930年には158へと激減したが、生産設備の集約化により生産性は上昇し、1860年44万7,000トンであった生産量は砂糖ブームの頂点を迎えた1925年には500万トン以上に激増した。

20世紀にはいると、米国系精糖会社は土地、建物、鉄道、車両などを手中に収めるようになるが、並行して労働力の集中が起きる現象も現れた。すなわちキューバの砂糖生産に携わる労働者のおよそ60％は、米国系企業のもとで就労していた。島全体で見ると、キューバ資本も加えた砂糖工場の平均就業者数は3,200人であったが、米国系企業のそれは5,150人で大規模集中化が進んだ。

キューバは第一次独立戦争（1868～78年）、第二次独立戦争（1895～98年）の結果、多くの人的資源を失った。1886年奴隷制は最終的に廃止され、新たな労働力の輸入が不可欠となり、1913年から1924年の間にハイチ、ジャマイカ、プエルトリコから21万7,000人の労働者がキューバに入国した。

キューバの砂糖生産は1928年には515万6,000トン、1952年には729万8,000トンと世界最大の生産量を誇った。1959年の社会主義革命後、多くの砂糖プランテーションは国営化されたが、1961年676万7,000トン、さらに1970年初頭にかけてカストロ（Fidel Castro Ruz）国家評議会議長が提唱した砂糖生産1,000万トン計画の挫折を経て（ウィリアムズ［1978：265］)、1980年代末頃か

奄美大島にある手作り含蜜糖工場　水間製糖　（筆者撮影）

ら90年代初頭には800万トンの生産量と700万トン前後の輸出量を誇った。しかしその後2000年代に急速に競争力を失い、2021年には生産量は81万6,000トンにまで減少している。キューバ糖の衰退については様々な要因が指摘されている。内部要因として農業の担い手不足、精糖工場の老朽化、外貨不足で肥料・農薬などの投入財の調達が滞っていること。さらに外部要因として、最大の輸出先であった旧ソビエト連邦の市場を失ったことなどがある。

第４節　日本のサトウキビ生産の軌跡[8]

日本では奈良時代の８世紀に砂糖の最初の記録が存在するが、当初は薬用として使用されていた。その後17世紀頃に琉球王国（現在の沖縄県）でサトウキビの栽培が開始された。18世紀になると江戸幕府８代将軍徳川吉宗により国内産糖の奨励がとられ、鹿児島県島嶼部の奄美大島、徳之島、種子島な

（８）以下特に断りのない限り精糖工業会編［2015］による。

どの奄美群島で黒糖生産が盛んとなり、やがて九州、四国、本州にも栽培が拡散した。明治時代には日清戦争後の日本占領下の台湾で、精糖業が重要産業として位置づけられ、日本資本による精製糖業が発展した（日本統治時代の製糖業については久保［2016］、平井［2017］などを参照）。

現在サトウキビは国内産糖の約2割を占めていて、もっぱら沖縄本島・離島、鹿児島島嶼部で生産されている。多くの離島ではサトウキビは基幹産業の役割を担っている(9)。筆者は与那国島、波照間島、西表島、久米島、種子島、徳之島などの精糖工場を見学してきたが、こうした島々では、精糖工場は島内でほとんど唯一の工場設備といってよかろう。2020年のデータによると、離島を含む沖縄県では、全農家の85%がサトウキビの生産に携わり、産糖量は年間で9万5,900トンである。また鹿児島県はそれぞれ14%、6万3,200トンとなっている。

第5節　甜菜（てんさい）のたどった軌跡(10)

（1）ヨーロッパの甜菜生産

周知のように砂糖の原料となる甜菜も、古い歴史を有する重要な作物である。以下その概要を紹介する。

甜菜のルーツは地中海沿岸にあり、その根や葉は新石器時代からヨーロッパや中東で広く使われていた。甜菜は耐寒性があり、温帯の中部から北部にかけての比較的冷涼な地帯、あるいは亜寒帯気候で育つ特性がある。干ばつや洪水にも比較的よく耐える。生育期間が比較的短いため、二期作が可能である。また根（ビートルート）を乾燥させておけば保存も可能である。もと

(9) 上江洲智一（日本分蜜糖工業会会長当時）は、「サトウキビは台風被害にも耐性があり、仮にサトウキビ以外に最適な作物があれば、農民は合理的判断により他の農作物に転作するだろう。現時点でサトウキビは農作物としては最適の選択肢である」と述べている。インタビューは2017年2月3日、同工業会那覇本部事務局で行った。なお筆者がインタビューした業界関係者の中には、糖業は離島における重要産業であることから、国防上の重要性を指摘する声もある。

(10) 以下特に断りのない限りスミス［2016］、アボット［2011］、日本甜菜製糖株式会社編［2019］、アロンソン・ブドーズ［2017］による。

もとは牛や馬の優れた飼料であったことから17世紀の間に、甜菜はまずヨーロッパで農作物として普及した。

甜菜に砂糖としての役割が付与されたのは、以下の経緯による。1747年、プロイセンの化学者マルグラーフ（Andres S. Marggraf）がベルリン化学アカデミーで、甜菜から少量の蔗糖を抽出したことを報告する論文を発表した。これにより甜菜は甘味料の原料として注目されるようになった。その後マルグラーフの弟子アシャール（Franz Karl Achard）が甜菜の実験を引き継ぎ、より多くの砂糖が抽出できる品種を発見する。アシャールは、商業ベースで甜菜から砂糖を抽出した最初の人として評価されている（スミス［2016：52-57］）。

甜菜糖業が本格的にスタートするのはナポレオン戦争中（18世紀末頃～1815年）であった。フランスは経済封鎖令を発して、同盟関係にあるヨーロッパ諸国に対し英国とその植民地との通商を禁じた。英領西インド諸島から輸入される砂糖もこの対象となった。かくしてフランスは甜菜の製造に報奨金を提供し、甜菜糖の生産を奨励した。ヨーロッパ大陸ではフランス北部を中心に甜菜工場が建設され始め、その数は1,000に達した。また甜菜の砂糖の含有量を増やすことを目的とした品種改良実験にも取り組み、新しい抽出技術も導入されて、根に20％の蔗糖を含む品種も開発された。

しかしナポレオンが1815年に退位し、ウィーン体制の下での政治的な安定が戻ると、英領西インド諸島から再び安い砂糖が輸入されることになる。かくして甜菜やサトウキビの生産が世界中に広まり供給過剰となり、19世紀を通して砂糖価格は下落した。甜菜事業の支援に関心を寄せるヨーロッパの各国政府は、輸入される砂糖に高い関税や数量割当を課し、国内の甜菜栽培を保護・優遇した。政府の甜菜支援は20世紀に入っても続き、ヨーロッパは砂糖の輸出額が輸入額を上回り、純輸出国となった。その後欧州連合（European Union：EU）は生産割当や補助金を削減し、2022年のデータではEU（27か国）の砂糖生産量は1,449万9,700トン（うち1,432万7,700トンは甜菜、残りはサトウキビで約16万9,000トン）で、222万3,200トンを輸入し100万8,700トンを輸出している。

（2） 北米の甜菜

甜菜は19世紀末には、大西洋を渡って北米大陸にも根付き、それから作られる砂糖は北米では1870年代、カナダでは1880年代に成功して軌道に乗り、やがてはサトウキビ生産を脅かすまでになった。甜菜は北米ではカリフォルニア州の一部からミシガン州を経てさらに東に延びる楔形の地域や、カナダのブリティッシュコロンビア州からオンタリオ州に至る地域を中心に広く栽培されている。

北米では甜菜は温帯の肥えた土地に生育し、適度な雨量と約５か月間の無霜期間を必要とする。小麦やトウモロコシ、大麦、ジャガイモまたはライ麦などの主作物と組み合わせて、３年から５年周期で輪作されることが多い。深耕を必要とするので、次に作る穀物の収穫が増すが、雑草を防除するために鍬で頻繁に耕さねばならない。加工処理後に残った葉と搾りかすは、家畜の飼料や穀物の肥料に使われる。甜菜は温帯では最もカロリー含有量の高い作物とされている（アボット［2011：365-366］）。米国の甜菜生産量は437万8,000トン（2022年）で、サトウキビの347万5,000トン（同）を上回っている。

（3） 日本の甜菜

日本では1870年に、内務省勧農局（当時）が甜菜の種子を導入し栽培をスタートした。甜菜は当初は東北地方などでも栽培されたが、現在は北海道でのみ生産されている。世界の主流である直播による栽培方法ではなく、日本独自の苗移植を使用している。以下北海道の苗移植の事例を紹介する（精糖工業会編［2015］）。

甜菜の特徴はサトウキビと異なり栽培に手数を要する。植え付けは、直播と苗移植（商品名：ペーパーポット）の二つの方法があり、北海道内ではペーパーポットの移植がほとんどを占めている（日本甜菜製糖株式会社編［2019：133-136］）。育苗ハウスでペーパーポットに種子をまき、本葉が２～４葉になるまで育て、これを移植機で圃場に植え付ける。糖分含有量が多い、良い根の甜菜を育てるためには合理的な施肥、植え付け後の除草及び中耕、病害虫防除等を念入りにする必要がある。収穫時の根は逆円錐形で、１本の重さは700グラムから１キログラムほどになる。収穫作業はハーベスターなどで

10月上旬から11月中旬に行うが、収穫した甜菜はできるだけ早く精糖工場に運んで処理する必要がある。しかし工場では一度に大量の甜菜を処理することができないので、収穫した甜菜の大半は、栽培地区に散在する原料受け入れセンターに運んで山積みし、シートなどで覆って貯蔵している。

甜菜は栽培に手間がかかるのでサトウキビに比べて生産費は高くなるが、葉や茎や根から砂糖を搾り取った残りかす（ビートパルプ）は有機質飼料として優れている。甜菜は連作ができないために、3～7年の輪作を行う。輪作体系に取り入れて、畜産と結びつくので比較的経営上は有利である。

世界の主流である直播に比べると、ペーパーポットは生産性が高く、霜害に強い利点はあるものの、人件費や育苗ハウスの管理費用などの点でデメリットもあると指摘されている。ペーパーポットは、手間暇をかけて緻密に作業する日本人の特性に合ったものといえるかもしれない。

収穫された甜菜は精糖工場に運び込まれ、芋の子を洗うように洗ってから、薄く切って刻まれる。その後サトウキビとは異なり、圧縮して絞るのではなく、温湯にひたして糖分を溶け出させる。次の段階である糖液を清浄してから砂糖の結晶を取り出す過程は、サトウキビとほぼ同じである。甜菜は通常は粗糖を作らず、直接純度の高い真っ白な砂糖を作る。これを耕地白糖と呼んでいる。

甜菜から作られる糖には、サトウキビから作られる精製糖と同様にグラニュー糖と上白糖があり、成分組成や外観あるいは特徴や用途もほぼ同じである。甜菜から作られる糖には、微量のオリゴ糖のラフィノースが含まれていることで、風味が微妙に違うともいわれている。オリゴ糖は腸内環境を整える作用があるとされていて、精糖各社から様々な製品が販売されている。普段私たち一般の消費者は、サトウキビ由来の精製糖と甜菜から作られる精製糖をほとんど区別することなく食しているが、砂糖業界に長年携わる人々には、その違いがわかるようである。

2022年のデータによると甜菜糖は、世界の全砂糖生産（粗糖換算）1億7,893万トンのうち3,554万6,000トンで、全体の約20％を占めている。主要な生産国はロシア、米国、ドイツ、フランスなどである。なお日本は甜菜糖は59万8,000トン、サトウキビは13万トンを生産した。

ミシガンシュガー会社　米国で最も古い甜菜製糖工場
（筆者撮影）

結びに代えて

砂糖の原料となるサトウキビはアジアを原産地として、その後地中海、イベリア半島、西アフリカ沖合の島々を経て、ブラジル、カリブ海、タイ、日本、豪州などに広がった、最も長い歴史を有する国際商品の一つである。

歴史的にはカリブ海三角貿易の中心的な役割を果たし、労働力移動の結果として、奴隷制のルーツともなった。プランテーションという生産様式が形成されたのも、砂糖である。さらにサトウキビは製糖プロセスの技術的な進歩をもたらした点で、製造業あるいは食品工業（インダストリー）としての役割も担ってきた。砂糖の持つユニークさの一つは、農業と工業という二つの性質を持つことである。

18世紀になると、それまでは家畜のえさなどに使われていた甜菜に、砂糖としての役割が付加された。甜菜糖業はナポレオン戦争を境に本格的にスタートし、フランスは英領西インド諸島から輸入される砂糖の排除を企てた。こうして砂糖をめぐる西洋列強間の対立も激化した。サトウキビ栽培で現出したグローバルな次元での植民地、奴隷制、プランテーションといった生産構造上の問題に加えて、英国とフランスの覇権争いという政治上のイシューをも有することとなった。

現代ではサトウキビと甜菜の両方が生産されていて、前者が世界生産量の約８割を占めている。日本での砂糖生産の開始は17世紀中頃で、奄美群島、沖縄本島、離島などに広がった。いっぽう甜菜糖の主産地は北海道で、19世紀後半にスタートし、独自の製法であるペーパーポットを用いて発展してきた。

参考文献

日本語文献

アボット、エリザベス（樋口幸子訳）［2011］『砂糖の歴史』河出書房新社。

アロンソン、M.、マリナ・ブドーズ（花田知恵訳）［2017］『砂糖の社会史』原書房。

アンドウ・ゼンパチ［1983］『ブラジル史』岩波書店。

伊藤汎監修［2008］『砂糖の文化誌―日本人と砂糖―』八坂書房。

ウィリアムズ、E.（川北稔訳）［1978］『コロンブスからカストロまでⅠ、Ⅱ―カリブ海域史、1492-1969―』岩波現代選書　岩波書店。

ウィリアムズ、E.（中山毅訳）［1987］『資本主義と奴隷制―ニグロ史とイギリス経済史―』理論社。

ウォーラーステイン、I.（川北稔訳）［1981］『近代世界システム　Ⅰ―農業資本主義と「ヨーロッパ世界経済」の成立』岩波現代選書　岩波書店。

川北稔［1996］『砂糖の世界史』岩波ジュニア新書　岩波書店。

久保文克［2016］『近代製糖業の経営史的研究』文眞堂。

近藤仁之［1965］「英領西印度諸島における砂糖革命の経済的意義」『社会経済史学』第30巻第５号、381-407ページ。

斉藤広志・中川文雄［1978］『世界現代史33　ラテンアメリカ現代史Ⅰ』山川出版社。

スミス、アンドルー・F（手嶋由美子訳）［2016］『砂糖の歴史』原書房。

精糖工業会編［2015］『砂糖』精糖工業会。

田中高［2022］「Manuel Moreno Fraginals, *El Ingenio - Complejo Económico Social Cubano del Azúcar*, Crítica, 2001, 第９章の和訳」『貿易風―中部大学国際関係学部論集―』第17号、60-89ページ。

西島章次［2009］「ブラジルのサトウキビ産業とその雇用に関する実証研究」『国

民経済雑誌』第199巻第6号、29-44ページ。
日本甜菜製糖株式会社編［2019］『日本甜菜製糖100年史』日本甜菜製糖株式会社。
服部春彦［1987］「十八世紀のフランス領西インドとアメリカ貿易」『史林』第70号第2巻、296-316ページ。
浜口伸明編［2018］『ラテンアメリカ所得格差論―歴史的起源・グローバル化・社会政策―』国際書院。
日高秀昌・岸原士郎・斎藤祥治編［2009］『砂糖の事典』東京堂出版。
原井一郎［2014］『欲望の砂糖史―近代南島アルケオロジー―』森話社。
平井健介［2017］『砂糖の帝国―日本植民地とアジア市場―』東京大学出版会。
バーンスタイン、ウィリアム（鬼澤忍訳）［2019］『交易の世界史　下』ちくま学芸文庫　筑摩書房。
浜忠雄［2023］『ハイチ革命の世界史―奴隷たちがきりひらいた近代―』岩波新書　岩波書店。
プラド、カイオ（山田睦男訳）［1978］『ブラジル経済史　第二版』ラテンアメリカ経済選書③　新世界社。
布留川正博［1988］「砂糖産業の西漸運動と黒人奴隷制の成立―「新世界」における奴隷制プランテーションの歴史的前提―」『経済学論叢』第39巻第3号、1026-1058ページ。
星野妙子［1984］「キューバ革命後のカリブ海地域における砂糖産業の変容」『アジア経済』第25巻第12号、28-49ページ。
細野昭雄［1983］『ラテンアメリカの経済』東京大学出版会。
増田義郎・山田睦男編［1999］『世界各国史25　ラテン・アメリカ史　Ⅰメキシコ・中央アメリカ・カリブ海』山川出版社。
ミンツ、シドニー（川北稔・和田光弘訳）［1988］『甘さと権力―砂糖が語る近代史―』平凡社。
桃井治郎［2017］『海賊の世界史―古代ギリシャから大航海時代、現代ソマリアまで―』中公新書　中央公論新社。
矢ケ崎典隆［2000］「アメリカ合衆国アーカンザス川流域の甜菜糖産業」『歴史地理学』第42巻第4号、1-22ページ。
山田睦男［2000］「第五章　植民地時代のブラジル」、増田義郎編『世界各国史26　ラテン・アメリカ史　Ⅱ南アメリカ』山川出版社、130-170ページ。
琉球分蜜糖工業会編［1964］『甘蔗糖製造法―浜口栄次郎博士講演録―』琉球分蜜糖工業会。

外国語文献

Ayala J., César [1999] *American Sugar Kingdom: The Plantation Economy of the Spanish Caribbean 1898-1934*, The University of North Carolina Press.

Bouie, Jamelle [2022] "Quantifying the pain of the slave trade", *The New York Times*, February 2, 2022.

Curtin, Philip D. [1969] *The Atlantic Slave Trade: A Census*, The University of Wisconsin Press.

Curtin, Philip D. [1998] *The Rise and Fall of the Plantation Complex* (Second Edition), Cambridge University Press.

Deerr, Noël [1921] *Cane Sugar* (second edition), Norman Rodger (reprint by BiblioLife).

Eichner, Alfred S. [1969] *The Emergence of Oligopoly: Sugar Refining as a Case Study*, The Johns Hopkins University Press.

Galloway, J. H. [1989] *The Sugar Cane Industry: An Historical Geography from its Origins to 1914*, Cambridge University Press.

第１章

日本製糖業の現状と課題について（前半）
――縮小する市場と経営環境――*

はじめに

本章と次章（第２章）では我が国精糖業界の現状を概観し、直面するいくつかの課題について、考察することとしたい。本章では我が国の砂糖産業の全般について、市場環境と経営環境を中心に概観する。次章では2000年に施行された糖価調整法とサトウキビと甜菜（てんさい）栽培の様子を、現地調査の成果も踏まえて論じる。

砂糖の原料は大きく分けてサトウキビ（甘蔗）と甜菜（砂糖大根、ビート）の２種類であるが、いずれも国内で生産されている。砂糖の年間国内消費量は2023年のデータでは約180万トンで、そのうち輸入糖は60％、国内産糖が40％を占める。輸入糖と国内産糖の間には、２～５倍の価格差があるため、政府が砂糖の貿易を管理し、国内の砂糖生産農家を保護している。この仕組みは第二次大戦後、何度か手直しが行われてきたものの、原型はほぼ同じである。後述のように、現在進められているTPP（環太平洋経済連携協定）の中でも例外的に、国家による貿易管理の仕組みである砂糖価格調整制度が認められている。

国内産糖が長期間、手厚い保護を受けてきた背景の一つには、国内産糖の約２割を占めるサトウキビが、鹿児島県奄美群島および沖縄本島・離島（以下サトウキビ生産地と略）で生産されているからである。離島においてサトウキビは、基幹産業の役割を果たしている。いっぽう北海道で生産される甜

＊　本稿の初出は「日本製糖業の現状と課題について―縮小する市場と経営環境―」『産業経済研究所紀要』2016年第26号、37-60ページ。

菜は、国内産糖の約8割を占めている。甜菜は輪作に不可欠な作物であるため、道内農業生産の根本を支えている。

本章ではこのような国内産糖の地域経済に果たす重要性について注視しつつ、中心的な分析テーマを、国内精糖業を取り巻く内外の経営環境の諸課題に絞って論じることにしたい。

精糖業界を取り巻く環境の大きな課題をここであらかじめ箇条書きにしておくと、①当該業界に歴史的に内在する過当競争体質と過剰設備、②異性化糖や加糖調製品の輸入増による消費減少、③国内産糖の保護から生じる、国際的にみて割高な糖価、④人口の減少傾向と消費者の砂糖離れ、⑤ TPP に代表される、農産品貿易自由化の動き、などを指摘できよう。

分析の手順として最初に、砂糖の一般的な知識について解説する。一言で砂糖といっても、各工程で異なる名称で呼ばれる。サトウキビが収穫され結晶糖になるまでが、原料糖あるいは粗糖と呼称される。精製糖工場では原料糖をさらに糖度の高い精糖に仕上げて、最終消費財として一般消費者が口にする、いわゆる砂糖となる。他方、甜菜の場合はこれとは異なるプロセスを経て、精糖が作られる。しかし、サトウキビも甜菜も同一の食品とみなされ、原理的には、双方を混ぜ合わせたものも精糖（いわゆる砂糖）として販売される。後述のように、このほかにも、含蜜糖（黒砂糖）と分蜜糖（精糖）などの分類もある。

次に、独立行政法人農畜産業振興機構（以下 alic）が現在行っている、砂糖輸入の国家管理の仕組みについて紹介し、国内砂糖生産農家を保護するために、一般の消費者と砂糖を中間財とする食品加工会社が、国際価格に比べて割高なコストを負担していることを明らかにしたい。

最後に、精糖業界の過当競争体質について、大・中精糖企業の淘汰の歴史的変遷と合従連衡の軌跡を概観しながら考察したい。試論的なまとめとして、現有の国内精糖業の設備規模と会社数が、我が国の現在と将来の砂糖需要に比して、過剰ではないかという問題提起をしたい。このような問題点は、業界関係者、行政サイドでは以前からすでに認識されてきたところで、幾度かのカルテル、産構法（後述参照）の実施に結実した。しかしながらこのテーマについて、研究者の手による分析は意外に少ない(1)。本稿が我が国の精糖業の取り組むべき課題について、多少なりとも新しい視点を提示できればと考える。

第１節　砂糖とはどのようなものか

（1）　生産の特徴

先述のように、砂糖にはサトウキビと甜菜の２種類があるが、どちらも主成分は同じショ糖で、分子式は$C_{12}H_{22}O_{11}$である。しかし生産される土地の気候は正反対といえよう。日本国内の場合、サトウキビは鹿児島奄美群島や沖縄本島と離島などで、甜菜は北海道で生産される。

サトウキビ：原料はサトウキビ（甘蔗）である。栽培の気象条件として、年間平均気温が20℃前後で、最高月平均気温、最低月平均気温の温度差が10～15℃と寒暖の差が激しく、さらに年間降雨量が1,500～2,500mm、雨期の降雨量が月300mm以下、乾期の月平均降雨量が50～100mmであることが必要である。

このような条件のもとで、主たる栽培地域は、キューバ、インド、ブラジル、タイ、豪州、南アフリカなどの熱帯、亜熱帯地域である。サトウキビは台風などの強風によく耐え、塩害にも強い。従って栽培地域にとり、他の代替作物の確保が困難である。台風の通過コースに、サトウキビ生産地が集中する理由の一つはここにある[(2)]。鹿児島県奄美群島の農家数の60％がサトウ

（1）筆者は2016年、本章の初出原稿になる「日本製糖業の現状と課題について―縮小する市場と経営環境―」と題する論稿を『産業経済研究所紀要』（中部大学産業経済研究所発行、第26号）に掲載した。光栄なことに、精糖業界関係者の必携書である『糖業年鑑―2017―』（貿易日日通信社発行）に紹介記事が出て、「日本製糖業の歴史と動向、さらに現状の問題点と今後の課題まで、大学という学問領域でこの様に詳しく論じられることに、驚異と深謝の念を表したい論文」（29～30ページ）という文字通り過分のお褒めの言葉をいただいた。本稿執筆時点、インターネットで「日本製糖業」を検索すると、当該の論稿がトップでヒットする。製糖業は人類が最初に農業と工業を融合させた、最も古い産業（インダストリー）である。この場を借りて、砂糖生産とともに砂糖産業への研究者の一層の関心を喚起したい。

（2）日高・岸原・斎藤編［2009］、農畜産業振興機構編［2014］、精糖工業会編［2015a］などを参照。

キビ栽培にかかわり、農地面積の49%、農業生産額の34%を占めている。沖縄県の栽培農家は農家数の76%、農地面積で62%、農業産出額の30%を占める。

サトウキビの製造工程には、糖蜜を分離し、精糖の原料となる分蜜糖と、小規模な工場で製造可能な、糖蜜を分離しないで、煮詰めて固形化した含蜜糖（黒砂糖）の二つがある。含みつ糖は沖縄県の離島で盛んに製造販売されている。サトウキビは、収穫後すばやく処理しないと糖分が流れてしまうため、それぞれの離島に製糖工場があり、そこで原料糖が製造され、本土にある精糖工場に搬入される。

特に留意が必要な点は、製糖工場と精糖工場の二つのプロセスがあることである。前者は生産地（その多くは離島にある）でサトウキビを原料糖レベルの純度に精製し、後者は本土にある大手企業の工場で、原料糖の純度をさらに高めて、最終消費財のいわゆる「純白」の砂糖に仕上げる。本稿では前者を製糖工場、後者を精糖工場と区別して使い分けるが、実質的には同義語として使われる場合がほとんどである。精糖企業各社の社名も、○○精糖株式会社、○○製糖株式会社とまちまちである。砂糖の純度と味覚については、日本の消費者は国際的にも要求水準は高く、国によっては「純白」ではなくて多少黄味があっても、一般的な商品として流通しているが、日本国内

久米島製糖工場　遠景　（筆者撮影）

徳之島　南西糖業工場　（筆者撮影）

波照間島　製糖工場　（筆者撮影）

与那国島　製糖工場　（筆者撮影）

では純度が非常に高く、しっとりした食感の上白糖が主流商品である。

甜菜：甜菜（砂糖大根、ビート）が栽培されるのは、北緯47°～54°の間の地域で、EU（欧州連合）諸国、ウクライナ、米国、カナダ、北海道などが主な産地である。日本国内では北海道だけで栽培され、道内の総農家の19％が甜菜栽培にかかわり、農地面積の15％、道内の農業産出額の７％を占めている。

甜菜の栽培にはかなりの手間が必要で、ビニールハウスでペーパーポットに種子をまき、一定期間育成した後、移植機で圃場に植え付けるが、合理的な施肥、植え付け後の除草と中耕、病虫害防除などの栽培管理が念入りに行われる必要があるとされる。甜菜は冷害に強く、畑作農業においては基幹的な輪作作物として位置づけられ、地域経済の重要な役割も担っている。

生産地の気候条件のほかに、甜菜とサトウキビが異なるのは、いわゆる耕地白糖の点である。耕地白糖とは、サトウキビ産地の離島にあるような製糖工場のプロセスを経ないで、精糖となるビート糖や甜菜を直接製造することである。要するに、サトウキビは収穫後の劣化が激しいために、なるべく早く原料の糖分を抽出しなくてはならないが、甜菜にはこのプロセスは原則として不要である。サトウキビは製糖工場と精糖工場の二段階に分かれて操業しているため、現行の砂糖価格調整制度（以下糖価調整制度と略）のもとでは、交付金の金額に違いが生じる。甜菜はサトウキビに比べて原料価格が廉価でその上製造のプロセスが少ない分だけ、交付金の単位あたりの金額は少ない。サトウキビの三分の一くらいである。甜菜はサトウキビに比較してより価格競争力があり、自立的な経営基盤を有しているといえる。なお精糖プロセスの純粋に技術的な面では、甜菜の方が複雑とされている。

異性化糖：前述のサトウキビ、甜菜のほかに、糖類には異性化糖がある。これはトウモロコシ、ジャガイモ、サツマイモなどを原料としたでん粉を加水分解し、ブドウ糖を作り、その一部を酵素で果糖に異性化（変換）したもので、清涼飲料水、アイスキャンディーなどに使われる。中間財として使用されるために、一般の消費者が直接食する機会はほとんどないが、年間消費量は80万トン程度を推移しており、砂糖価格全体にも影響が大きいため、製造業者と輸入者から調整金を徴収している。

加糖調製品：近年の顕著な傾向として、加糖調製品の輸入量の増加が挙げられる。加糖調整品とは、チョコレート菓子やコーヒー飲料、ココア調製品、和菓子など、糖類を含んだ菓子類である。加糖調製品の輸入は要するに、砂糖そのものの輸入ではなく、砂糖の成分を加えた加工食品類の輸入となる。これは、海外の廉価な砂糖の輸入と実質的にはほぼ同じことであり、国内の砂糖生産を抑制する作用をもたらしており、多くの業界関係者が懸念を表している（後述参照）。

世界の砂糖生産をみると、約8割がサトウキビで残りの2割は甜菜が占めている。日本の場合はこの反対で、国内産糖の約8割が甜菜で、残りの2割がサトウキビの割合である。国内の砂糖消費の10％が家庭用で、残りの90％が食品製造業向けであり、このうち菓子類が28％、清涼飲料水が18％、パン類が11％などとなっている。

砂糖の特性として指摘しておきたい点の一つは、商品としての差別化が困難で、二つ目には長期保存が可能なことである。消費者にとり、サトウキビも甜菜も同じショ糖であり、国内産と輸入糖にも当てはまるが、一般の消費者には味覚で選別することはほぼ不可能に近い。従ってブランド化しながら付加価値を高める余地は限られている。ここが米、牛肉などの農牧畜産品との大きな相違点であろう。さらに長期に保存が可能なことは、例えば一般消費者が購入する多くの砂糖には製造年の記載はあるものの、賞味期限は明示されていないことからも明らかである。この商品特性は他の食品に比較して、在庫調整が比較的容易となる。そこで原料価格が低廉な時期に一気に増産し、高値で売るという、投機的な行動のインセンティブにつながりやすくなる。

上述の二点に加えて、砂糖は他の農産品に比べると低価格で安定しているという特徴がある。表1-1は1972年から2021年までの、一般の消費者が小売店などで購入する上白糖、1キロ当たりの砂糖価格と粗糖価格、すなわち国際的に取引されるニューヨーク先物市場価格（粗糖11号約定1ポンド当たり米セント）を示している。これを見ると、砂糖価格は1972年の151円から2021年には194円と43円値上がりし、28％の上昇であるが、年平均上昇率はわずかに0.5％にとどまる。これに同期間の消費者物価の上昇率を考慮すると、実質的には値下がりしていることになる。他方粗糖価格は、同期間に7.43セントから17.85セントへと10.42セント値上がりし、率にすると140％の上昇で、年平均上昇率は1.8％となる。粗糖の国際価格は変動も激しく、近年はコロナ渦やウクライナ情勢などにも影響を受けた。このように砂糖は卵と並んで「物価の優等生」と評されているが、粗糖価格ほどには砂糖小売価格が上昇していない背景には、精糖業界の合理化努力と過当競争体質がある

表１－１　砂糖の小売価格と国際価格　1972～2021年

年	白糖*	粗糖**	年	白糖*	粗糖**
1972	151	7.43	1997	223	12.06
1973	158	9.61	1998	222	9.68
1974	221	29.99	1999	218	6.54
1975	293	20.49	2000	211	8.51
1976	267	11.58	2001	202	9.12
1977	242	8.11	2002	200	7.88
1978	233	7.82	2003	181	7.51
1979	233	9.66	2004	184	8.61
1980	269	29.02	2005	183	11.35
1981	272	16.93	2006	194	15.05
1982	247	8.42	2007	198	11.6
1983	241	8.49	2008	205	13.84
1984	263	5.18	2009	211	18.72
1985	261	4.04	2010	200	22.49
1986	261	6.05	2011	213	27.22
1987	259	6.71	2012	218	21.69
1988	254	10.17	2013	182	17.46
1989	243	12.79	2014	185	16.34
1990	238	12.55	2015	186	13.14
1991	238	9.04	2016	188	18.13
1992	240	9.09	2017	193	16.81
1993	239	10	2018	189	12.25
1994	233	12.13	2019	188	12.36
1995	224	13.44	2020	188	12.89
1996	220	12.24	2021	194	17.85

注）＊　上白糖　１キロ　円　東京地区
　＊＊　ニューヨーク　先物11号約定　ポンド当たり米セント
出所　『砂糖統計年鑑』各年号などより筆者作成

と推察される。

参考までに、インターネット上の通信販売サイトである「価格.com」（https://kakaku.com/）で砂糖価格を調べたところ、次のような結果となった（2016年時点）。価格基準となるのはいずれも、一般家庭が購入する上白糖の１キロ袋、税込価格である。大手メーカーで253～254円。大手甜菜糖メーカーの北海道産甜菜製のものが290円。１キロ入りの袋20袋のまとめ買いでは、大手精糖会社のブランド商品が5,000円台で一袋あたり250円強である。こうしてみると、北海道産の甜菜のみを原料とするもの以外は、ほぼ同じ品質の商品をめぐり、各精糖メーカーともしのぎを削りながら、価格競争している様子がうかがえる。

日本経済新聞社のデータベース『日経 POS 情報・売れ筋商品ランキング』で砂糖・甘味料の主要メーカーのシェア（市場占有率）と価格（上白糖１キロ）を調べると、以下のようである。調査対象期間は2015年10月26日～11月１日、括弧内はシェア率（%）を示す。

三井製糖　スプーン印　143円（5.5）、塩水港精糖　パールエース印141.4円（5.0）、三井製糖　ママ印　129.9円（3.0）、伊藤忠製糖　クルル印169.4円（2.2）、明治製糖　バラ印　159.7円（1.9）。

同調査によると、「国産さとうきび糖」、「北海道てんさい」、「オリゴのおかげ」、「パルスイート」、「スリムアップシュガー」などのブランド表示が散見され、精糖各社が製品差別化を図っている事情をうかがい知ることができる。また特定のスーパーマーケットで、期限をつけて上白糖の廉売を実施しているケースもある。筆者の知見では2015年夏、中部地区のある大手スーパーで、大手企業のブランド上白糖１キロが90円台という格安価格で販売されていた(3)。

第２節　砂糖価格調整制度

前述のように輸入糖と国内産糖の間には、２～５倍の価格差がある。具体的には、サトウキビは粗糖の平均輸入価格に比べて製造コストで5.3倍、甜菜は1.9倍である。このような内外価格差を、できるだけ負担の少ないシステムで調整しようとするのが以下述べる価格調整制度である（以下岡山

（３）業界関係者の説明では、小売価格が１キロ90円台では赤字で、マイナス分はスーパーが負担しているのではないか。2016年１～３月の粗糖戻し値は１キロ当たり87円、原料から最終製品にするプロセスの歩留まりを考慮すると、87÷0.955＝91円となる。加工販売費が約40～50円で原価は約140～150円位である。これに収益と流通コストが加算されて店頭小売価格が設定される、とのことである。

[2014]、青木［2014］による)。

調整する基本的な仕組みは、独立行政法人農畜産業振興機構（alic）が砂糖輸入と国内産糖の買い上げを独占的に行い、精糖企業に輸入糖と国内産糖の売渡価格を同一となるように、価格を調節する。貿易の自由化と、より競争的な農業を育成するという流れには相反する要素を内在する枠組みではある。しかし国策として、生産者と国内自給率を重視する方針のもと、長期にわたり継続実施されてきた。現行法上は、『砂糖及びでん粉の価格調整に関する法律』がこれを定めている。

まず、国内産糖（サトウキビ、甜菜）が特に効率的に生産されている場合の生産費の額と国内産糖が特に効率的に製造されている場合の製造に要する費用の額を、砂糖年度（10月から翌年の9月）ごとに農林水産大臣が定める。ここで言う国内産糖の生産費とは、合理化を前提とした標準的な製造経費とサトウキビや甜菜など原料の生産費を基準に決定される。後者の効率的な国内産糖の製造コストには、再生産に必要な基礎価格や販売コストも含まれているが、それぞれの項目の価格内容は開示されていない。2015年度の砂糖調整基準価格（＝輸入粗糖と国産糖との価格調整の基準となる金額）は製品トン当たり15万3,200円（前年比同）である。また甜菜を原料として製造される国内産糖への交付金は、製品トン当たり2万1,040円と定められた。

砂糖の国内生産を維持するためには、国内産糖製造コストを保障する必要がある。国内産糖の販売価格と輸入糖の価格を同一水準に調整することにより、国内産糖の販売価格を砂糖調整基準価格より大幅に下げることになるため、その結果コスト割れになる部分について甘味資源作物生産者、精糖工場にそれぞれ交付金（前者には甘味資源作物交付金、後者には国内産糖交付金）を支出して再生産を維持する。

交付金原資の調達は以下のようである。alicは商社などの輸入申告者等からの申し込みに応じて輸入指定糖を買い入れ、直ちにalicの売戻価格で製糖会社などに売り戻す方式（瞬間タッチ方式）で売買を行い、売買差額を徴収する。この差額を調整金という。調整金総額で交付金総額の大半を確保できるように制度設計がされている。すなわち、a 砂糖調整基準価格（2015年度は15万3,200円）からb 平均輸入価格（14年1～3月では4万9,920円）を引いた額に砂糖推定自給率（指定調整率＝国内自給率：2014砂糖年度37.00％）を掛けて産出される額をc alic売り戻し価格（14年1～3月では8万8,134円）として設定することで、調整金で交付金総額の大半を得られる（岡山［2014：22］）。

サトウキビ生産者は、精糖企業からサトウキビ販売代金（原料代）を受け取り、別途alicから甘味資源作物交付金を受け取る。トン当たりの原料代は機構売戻価格×分配比率（0.48％）×糖度13.7％×回収率（0.86）×消費税（1.08）で求められた額である。例えばこの計算式で産出された2014砂糖年度の糖度13.7％のサトウキビ原料代はトン当たり5,347円（8万7,548×0.48×13.7％×0.86×1.08）である。糖度13.1～14.3％のサトウキビの甘味資源作物交付金単価は1万6,420円で、2014砂糖年度4月以降の農家手取り（原料代＋交付金）は1トン当たり2万1,767円（5,347＋1万6,420）となる。分配率とは販売価格のうち、生産者と精糖工場への割合をあらかじめ定めたものである。サトウキビ1トンから得られる粗糖は、搾りかす部分を除いて、糖度を掛け合わせることで求められる。例えば1トンのサトウキビから生産される粗糖は、1,000×0.86×0.137＝117.8キロである。

1994年からはサトウキビの品質取引がスタートした。従来はサトウキビの生産者価格を一ないし二本建てで決めていたものを、品質すなわち糖度に応じて価格を加減することになった。農家はより糖度の高い品種を積極的に導入するようになり、生産性と収益が向上したと評価されている。部分的な市場原理の導入が成功した例である。

ここで糖価調整制度の課題として指摘されているのは、調整金と交付金の総額が均衡するように制度設計されているにもかかわらず、実際にはalicの砂糖勘定にかなりの繰越損失が生じていることである。農林水産省の作成した『砂糖・でん粉の制度及び最近の情勢について』（農林水産省［2014b］）によると、以下のようである。

alicの収支は、国際粗糖相場の変動や為替の動きにより、輸入価格が上昇することで調整金収入は減少する。また甜菜やサトウキビの生産量が、豊作や作付面積の拡大で増大すると、粗糖輸入量が減少し、調整金収入も減少する。要するに廉価の粗糖を輸入すればするほど、そして国内産糖の生産が少なければ少ないほど収入が増加し（輸入糖の依存度が上昇）、反対に輸入を少なくして国内産糖の生産が増加（国内産糖の依存度が上昇）すれば、それだけ減収するという二律背反の構造にある。単純化して言えば、国内産糖の生産量がより少なく、輸入糖が増えればそれだけ、精糖会社と消費者の利益（＝社会的厚生）は増加する。

近年では2003年と2004年、2008年と2009年の各砂糖年度で、甜菜、サトウキビの生産量が増加し、粗糖の輸入価格が高止まりしたため2005年には706億円、2009年には659億円の損失が発生した。このため精糖企業の調整金負担水準（指定糖調整率）を33％から37％に引き上げた。結果、精糖企業は割高の国内産糖をより多く購入することになり、経営上の負担となった。以上の現況に鑑みて精糖メーカーの代表は「砂糖価格調整制度の設計を見直す時期であり、制度維持のためにも今後は新しい仕組みの形成が必要だ」と発言している（貿易日日通信社［2015：75］）。砂糖勘定の赤字を埋めるために、政府は国庫（税金）より糖価調整緊急対策交付金として329億円支出し、財政上の負担も看過できない。2012年度の累積差損は167億円に上った。2013年は前年比で27億円の増収となったが、期末残高は215億円の赤字で、「破綻寸前」と指摘する関係者もいる。2020年代になると、国内消費量の減少に伴い、国産砂糖比率が上昇したために期末残高は増加し、2021年の累積差損は445億円に達した（農林水産省［2023：33］）。

いっぽう精糖会社にとり、政府が原料となる粗糖の輸入価格を決めているので、利益の源泉をどこに求めるかが企業運営上の重大な関心事項となる。上述の『砂糖及びでん粉の価格調整に関する法律』によれば、農林水産大臣が四半期ごとに決める、「粗糖の平均輸入価格等」には、ニューヨーク砂糖取引所の粗糖先物価格の３か月間の平均に、輸入するまでの運賃その他の諸掛りの標準額の平均額を含む、としている。

そうすると企業の合理的な判断は、利益を極大化する要因の一つとして、ニューヨーク砂糖取引所の粗糖先物よりもより廉価で、より上質で輸送コストのかからない生産国から輸入することになるであろう。現在多くの精糖企業が総合商社の傘下にあるのも、こうした背景がある。総合商社の持つ情報力と物流ノウハウが利益の源泉の一つとなる。そこで以下、精糖企業の過去から現在までの合従連衡の軌跡を、総合商社との関係にも注目しつつ概観する。

第3節　精糖業界の変遷

（1）　キューバ糖輸入から糖安法成立まで

第二次大戦後の、精糖業界の変遷を以下概観してみよう（以下糖業協会編［2002］による）。戦後最初の輸入糖は、占領地救済資金（GARIOA＝ガリオア資金）によるキューバ糖であった。キューバ糖は当時米国が事実上ほぼ独占的に輸入していたが、過剰在庫を抱えていた。このためその一部を日本に回した。キューバ糖には害虫が付着していることが多く、品質に問題があると指摘されていたが、キューバ糖の輸入は1947年の総輸入量の74.2％を占める20万9,140トン、48年にはそれぞれ76.6％、52万2,439トンに急増した（日本とキューバ糖貿易については、田中［2012］、ロメロ イサミ［2022］）。

ガリオア資金による輸入は48年にピークに達して次第に減少し、政府による輸入が拡大する。このため戦前から我が国の精糖企業が大規模な施設を有していた台湾からの輸入が増加した。1951年の日本の砂糖輸入量は約50万トンで、このうち政府間取引により台湾糖がおよそ9万トン、キューバ糖は25万トンであった。

多くの日本人は戦時中の厳しい食糧事情の後、白砂糖に強い欲求を感じていて、過剰な需要があった。しかし外貨事情は払底していたため、外貨割当制が適用され、輸入糖を中心とする供給量は大幅に不足していた。精糖企業にとっては、製品には過剰な需要があり、作れば売れる状態であった。このため精糖業界は、セメント業、肥料産業とともに「三白景気」の主役の一人として好景気に沸いた。

限られた外貨割当をめぐり、再精糖企業、氷糖・角砂糖製造企業、ぶどう糖製造業、商社がしのぎを削ったために割当の調整は難航した。大小の精糖メーカーが入り乱れて同一産業に参入する、過当競争体質が生まれたのも、戦後のこの時期である。

こうした中で政府は、1963年2月に国際収支上の理由から、輸入制限を行わないことを定めたGATT11条国に移行し、翌64年4月には、国際収支上の理由から、為替制限を行わないとするIMF 8条国への移行を踏まえて、1963年8月に粗糖輸入の自由化を決定した。さらに1965年6月には『砂糖の価格安定などに関する法律』(以下糖安法と略)を成立させて、現在のalicの前身に当たる、糖価安定事業団を設立した。

国家が砂糖貿易を管理し、国内産糖と輸入糖の価格差を利用しながら、国内産糖生産農家、精糖企業への補助金による保護育成と、国内糖価の安定を目指す体制がスタートした。このことは精糖メーカーにとっては、利益の主な源泉となる原糖輸入が国家管理下におかれたことで、経営革新を目指すうえでの大きな「足かせ」となった。

「足かせ」は様々な形で科されたが、その一つに1955年まで続けられたリンク方式がある。この仕組みは単純にいうと、各精糖メーカーは、輸出向けの商品を作る企業が輸出で得た外貨に基づいて割り当てられる粗糖輸入の権利付外貨を購入することである。要するに、船舶や車両などの輸出向けの商品を作る企業は、輸出で得た外貨を、プレミアムをつけて精糖会社に売ることができた。かくしてリンク制のもと、精糖会社は枯渇気味であった外貨を、割高なコストで買わねばならなかった。しかしそれでも、精糖会社は競って割高の外貨を購入しようとした。というのは、国内産糖に引きずられる形で高値に糖価が設定されたため、高額のプレミアムを払っても、精糖会社は十分な利益を得ることができたからである。

(2) 精糖企業の再建と過当体質

戦後の精糖企業再建の契機となったのは、キューバ糖の輸入に伴って生じた年間4,500トンの荷粉糖(にご)であった(名古屋精糖[1958])。荷粉糖とは輸入に際して、船中、港、倉庫などにこぼれ落ちた砂糖のことである。深刻な砂糖不足にあった我が国にとり、これを精製して配給に用いることが合理的な経営判断であった。かくして一定規模の精糖設備を維持するため、荷粉糖に加えて練粉乳、乳幼児、医薬品などに使用する粗糖約4万トンを精製するための工場建設が進められた。

精糖工業会が創立50周年を記念して発行した資料よれば、日本がまだ連合軍総司令部の占領下にあった1950年に、すでに14社の精糖企業があった。このうち1950年の上位10社の精糖の生産集中度（シェア）は、大日本製糖（19.6%）、名古屋精糖（16.6%）、大阪製糖（15.7%）、九州製糖（8.8%）、横浜精糖（8.0%）、フジ製糖（7.1%）、日本精糖（5.6%）、芝浦精糖（5.5%）、台糖（3.9%）、新光製糖（3.6%）である（精糖工業会［1998：11-18］）。

上記の精糖メーカーのうち、いくつかは現在も合従連衡の末、操業を続けている。廃業した企業もある。名古屋に拠点を置いた名古屋精糖もその一つである。業界第２位の市場占有率を有した同社は、その躍進が注目された（中本［1965］）。名古屋精糖の純利益額と使用総資本純利益率（企業がすべての資本を利用して、どれだけ利益を上げているかを示す）は、1952年３億8,766万円、2.8%、53年２億65万円、4.6%、54年５億218万円、8.2%を計上した。ちなみに1952年と2014年の貨幣価値を物価水準で比較すると、大体６倍くらいで、1954年の名古屋精糖の純利益額は現在の貨幣価値に直すと約30億円に相当する。しかし同社は1971年倒産した。

1963年８月、従来の外貨割当制による粗糖の輸入制度から、外貨さえ手当てすれば自由に輸入できる制度に移行した。ところが1964年には、精糖各社は大幅な赤字を計上する。その要因として指摘されるのは、輸入糖の売り戻し価格のもとで製造せざるを得なくなった精糖企業は、「収益をできるだけ増大させるために、いかに低い輸入価格と少ない輸入諸掛りで粗糖を調達できるか、とともに、（生産実績に基づいて輸入糖が配分されるため――引用者注）輸入数量をいかに拡大させるかが重視された」（糖業協会編［2002：541］）からである。精糖企業は定められた売り戻し価格のもとで、薄利多売による収益構造へと向かった。もちろん精製設備増設への投資を伴った。粗糖自由化以前には大小70社あった精糖企業は、自由化後には50社近くにまで減少した。

かくして精糖企業の過剰投資は、1965年から66年までの第１次～第４次にいたる不況カルテルを招いた。不況カルテルには41社から21社が参加し、総供給量を抑制したにもかかわらず、砂糖市況の回復には至らなかった。業界不況を象徴する出来事は、1971年12月、名古屋市に本社を置く名古屋精糖の会社更生法適用申請である。上述のように名古屋精糖は精糖業界で有数の溶糖設備を誇る、大手企業であった。負債額は120億円に達した。名古屋精糖はその後、東京工場は新名糖、神戸工場は神戸精糖として新発足し、新名糖は三井製糖（当時）に吸収合併され、神戸精糖は88年３月に解散した。

（３） 商社主導の業界再編と日豪砂糖長期契約の教訓

1970年代には、商社主導による精糖企業の系列化、再編が進展することとなり、我が国の精糖企業は、三井（台糖、芝浦精糖、横浜精糖）、三菱（大日本製糖、フジ精糖、明治精糖）、丸紅（日新製糖、東洋精糖）、伊藤忠（伊藤忠製糖）の４つのグループに再編成された[(4)]。このような状況の中で、1973年の第一次石油危機により、砂糖の国際価格が約６倍に暴騰し、業界を取り巻く環境が激変した。価格上昇以前に砂糖の輸入契約をしていた精糖企業は、一時的に砂糖の国内販売価格の高騰も加わり、巨額の利益を得た。例えば大日本製糖、台糖、明治精糖、東洋精糖の純利益は、73年度上半期の41億9,200万円の赤字から、74年度上半期には35億6,200万円の黒字へと大きく好転した。

このいわゆる狂乱物価と呼ばれた消費財の価格急騰の中で、1974年12月、精糖業界は安定的な粗糖輸入確保のため、三井物産、三菱商事両社主導のもと、豪州の大手砂糖企業であるCSR社との間で固定価格による砂糖の長期契約を締結した。砂糖は一次産品の中でも特に価格変動の激しい商品であり、長期契約は多大なリスクを伴うものであった。

業界関係者の予想を覆すように、長期契約直後から砂糖の国際価格は下落し、精糖業界は著しく高価な豪州糖の輸入を余儀なくされた。日本と豪州双方の間で話し合いが持たれたが、契約書どおりに砂糖を満載した船舶が東京湾に到着した。しかし精糖各社は引き取りを拒否したために、砂糖満載の貨物船が10隻も湾内に滞留した。

この出来事の責任については、日本側に非のあることは明らかで、世論も業界に厳しい視線を向けた。当時の新聞記事の論調を見ると、砂糖業界の行動を支持するものはほとんどない。契約を推進した三井物産、三菱商事の両社は社会的責任を問われることとなった[(5)]。当時農林水産省食品流通局長の職にあった杉山克己は、豪州側との交渉にめどが見えたころ、自らは固定価

（４）なおこの４グループのほかに、日本製糖協会に加盟する中小の精製糖メーカー６社がある。また氷砂糖メーカー首位の中日本氷糖の本社が名古屋市内にある。

格の長期契約に反対していた三井物産の水上達三（同社社長、会長を歴任）から「私どもの不始末を処理していただきまして…」という謝罪の言葉があったと述懐している（精糖工業会［1998：129］）。豪州との長期契約の失敗などにより、主要精糖企業４社の決算は、1976年には総額で235億7,800万円の赤字を計上し、精糖業界の再編成が加速化された。

このようなビジネス環境のもと、政府は精糖産業を平電炉鋼材製造業、アルミニウム精錬業、合成繊維製造業とともに、特定不況産業に指定した。1977年12月には『砂糖の価格安定等に関する法律第五条第一項の規定による売渡しに係わる指定糖の売戻しについての臨時特例に関する法律』（略して特例法）が公布された。特例法は政府が砂糖の年間需給計画を作成し、四半期ごとに粗糖輸入目標数量を定めること。各精糖企業に、シェア（市場占有率）に従って粗糖輸入を割り当てること。供給過剰が想定される場合には、糖価安定事業団はその超過分の売り戻しを延期ないし中止できることを定めている。

ここで留意すべきは、シェアの含意である。シェアは過去の精糖生産の実績を基に算出するので、各企業は利益極大化を目指して生産増加に向かうインセンティブが働く。しかし需給目標は政府が決めるので、各社は限られた分割可能な利益を激しく奪い合うこととなった。1983年５月には、『特定産業構造改善臨時措置法』（略して産構法）が公布され、過剰設備削減などの構造改革に取り組むことになり、精糖業界からは22社が参加した。産構法のもとで、精糖工場は29から21工場に減少し、削減目標とされた100万トンの90％に相当する設備が処理された。

表１‐２は2023年現在の主要精糖メーカーの概要を示したものである。産構法以降、コロナ渦の消費低迷の影響を受けた業界の変遷はどのようなものであろうか。まず業界最大手のDM三井製糖は横浜精糖、芝浦精糖、大阪精糖の経営統合ののち、2021年には古い歴史を有する大日本明治製糖と合併して誕生した、日本最大の精糖企業である。東洋精糖は1949年に設立され、

（５）伊藤忠商事はこの契約にはほとんど関係しなかった。同社の砂糖部門の元担当者が筆者に語ったところによると「伊藤忠はもともと繊維商社からスタートしたので、商品相場では長期契約をしてはならない、という社風がある」とのことである。

表１－２　主要精製糖企業の概要

主要精製糖会社（精糖工業会加盟記載順） DM 三井製糖ホールディングス株式会社、東洋精糖株式会社、日新製糖株式会社、フジ日本精糖株式会社、伊藤忠製糖株式会社、塩水港精糖株式会社、日本甜菜製糖株式会社 [上記以外の会員として、中日本氷糖、近畿食糧、第一糖業、日本製糖協会（団体加盟）]
DM 三井製糖ホールディングス株式会社 東証プライム上場　資本金70億8,300万円。三井製糖株式会社を親会社、大日本明治製糖を子会社として経営統合。主要株主　三井物産、三菱商事。三井製糖の社略歴　1947年湘南糖化工業として創業。49年横浜精糖に社名変更。70年横浜精糖、芝浦精糖、大阪製糖の３社が合併し、三井製糖となる。2001年新名糖と合併し、新三井製糖。2005年台糖、ケイ・エスと合併。大日本明治製糖の社略歴　大日本製糖（前身は1895年創立の日本精糖）と明治製糖（1906年渋沢栄一などの出資により1906年設立）が1996年経営統合して発足。
東洋精糖株式会社 東証スタンダード上場　資本金29億400万円。設立1949年。主要株主　丸紅。社略歴　1927年　秋山製糖所設立。1964年丸紅と販売総代理店契約締結。1983年共同生産会社の太平洋製糖株式会社を、塩水港精糖とともに設立（特定産業構造改善臨時措置法に基づく）。2001年フジ日本精糖が共同生産に参加（産業活力再生特別措置法に基づく）。塩水港精糖、フジ日本精糖と共同生産。
ウェルネオシュガー株式会社 東証プライム上場　資本金70億円　2023年１月、日新製糖株式会社と伊藤忠製糖株式会社の経営統合により設立。主要株主　伊藤忠商事、住友商事。 日新製糖株式会社：東証一部上場。主要株主　住友商事。資本金70億円。社略歴　2011年、旧日新製糖（1950年創業）と旧新光製糖（1944年創業）との経営統合により「日新製糖ホールディングス株式会社」として発足。2013年日新製糖株式会社に商号変更。生産拠点は同社今福工場と新東日本製糖工場。 伊藤忠製糖株式会社：未上場。資本金20億円。設立1972年。主要株主　伊藤忠商事100％出資。社略歴　新日本製糖、合田製糖の設備を統合し、総投資額80億円を投じて愛知県碧南市衣浦臨海工業地帯に最新鋭工場建設。中部地区で高いシェア。
フジ日本精糖株式会社 東証スタンダード上場　資本金15億2,400万円。設立1949年。主要株主　双日。社略歴　2001年、同じ創業者で兄弟会社であった旧日本精糖と旧フジ製糖が合併し、フジ日本精糖となる。共同生産会社の太平洋製糖に資本参加（塩水港精糖と東洋精糖が参加）。2004年清水工場の精製糖生産を停止。
塩水港精糖株式会社 東証スタンダード上場　資本金17億5,000万円。1904年台湾にて設立。主要株主　自己株式、三菱商事。社略歴　1950年　台湾にあった塩水港精糖が日本国内に持っていた資

産と負債を継承し、塩水港精糖として発足。64年大洋漁業と資本提携。73年東洋精糖と業務提携し、太平洋製糖設立。93年大新製糖を吸収合併。2001年、太平洋製糖にフジ日本製糖が加わる。塩水港、東洋精糖、フジ日本精糖の3社の共同生産体制。02年、同社大阪工場にて、大日本明治製糖、大東製糖との共同出資により、関西製糖を設立し、共同生産開始。05年三菱商事と業務提携。
日本甜菜製糖株式会社 東証プライム上場　資本金82億7,900万円。設立1919年。主要株主　明治ホールディングス。社略歴　1919年、同社の前身である北海道製糖設立。1920年旧日本甜菜製糖創立。1923年明治製糖が旧日本甜菜製糖と合併。1944年明治製糖、北海道製糖を傘下とし、北海道製糖の社名は北海道興農工業に変更。47年北海道興農工業は日本甜菜製糖に社名変更。52年下関製糖工場完成。70年芽室製糖所完成。77年帯広製糖所廃止。1989年ビート史料館開設。2001年下関製糖工場閉鎖。関門製糖に精製糖の生産委託。2019年創業100周年記念。

出所　筆者作成

1983年には塩水港精糖と共同で太平洋製糖を設立した。日新製糖と伊藤忠製糖は2023年1月経営統合し、新たにウェルネオシュガーとして発足した。フジ日本精糖はフジ精糖と日本精糖が2001年に合併して設立された。塩水港精糖の源流は、台湾で設立された精糖企業であるが、日本国内にあった資産を継承して発足した。なお日本甜菜製糖はもっぱら北海道を主力とした国内産の甜菜を加工しているため、輸入糖との関係はそれほど多くない。

こうして見ていくと、産構法以後の現在の大手精糖メーカーのありようは、合従連衡の軌跡と言えそうである。さらに付言すれば、精糖企業の数は、依然として過剰ではないかということである。この点について以下論じたい。

第4節　精糖産業の課題

（1）　加糖調製品などの輸入増加

上述のように産構法以後業界の再編は進み、体質はかなり改善され、経営も安定化している。しかしここで以下の点を指摘する。まず産構法が、既存の業界利益を保護する視点から組み立てられていることである。シェアの大きさを基準に輸入糖を割り当てる枠組みでは、企業努力や新規参入の余地が限られてしまうのではないか。さらによりよい商品をより廉価に購入したいとする、菓子業界や一般消費者の目線は軽視されがちである。

こうした現状において、人口減少と消費者の砂糖離れという二つの抗しがたい現象に加えて業界関係者が懸念しているのは、加糖調製品の輸入が増加していることである。加糖調製品とは、チョコレート菓子や砂糖の加わったコーヒー飲料、ココア調製品、砂糖の加わった小豆、いんげん豆などの調製した和菓子、砂糖を加えた全粉乳あるいは脱脂粉乳などの粉乳調製品、アイスクリームの中間原料となるものなどを指している。

加糖調製品の輸入増加は、実質的には砂糖輸入と同義であり、国内の砂糖消費量の減少、砂糖を中間財とする国内菓子メーカーなどの価格競争力低下をもたらす。菓子類の現行関税率はチョコレート10%、ビスケット20%、キャンディー、和菓子などのその他菓子が25%、米菓35%などとなっている（全国菓子工業組合連合会［2012］）。そこで加糖調製品の輸入増加傾向は以下述べるTPPの貿易自由化の動きとも密接に関係する。

（2） 過剰設備問題

農林水産省が公表している資料（農林水産省（［2014a］）によると、精糖工場（甘しゃ糖工場）の操業率の実績は、2011年52%、2012年57%、2013年は62%と推移している。サーベイの対象となる精糖工場の対象は、鹿児島県にある6社7工場、沖縄本島2社2工場、離島7社（内農協の経営する1社）8工場で、合計15社17工場である。サトウキビの収穫と生産の季節的な要因もあり、各工場の年間実質稼働率の平均は、約65日に留まっている。

原料のサトウキビ生産が減少傾向にあることもあり、工場の合理化も実施されていて、従業員数は1989年には精糖工場の合計で1,246名であったものが、2013年には647名にまで減少した。かなり苦しい事業環境であることをうかがわせている。しかしながらそれでも、操業率は損益分岐点すれすれの状況であり、いっそうの合理化や、搾油した後のバガスの活用法などの新しい技術をより積極的に導入する必要に迫られている。

もう一つ見落としてはならないのは、主要な精糖工場の設備過剰の問題であろう。表1-3は主要な工場の溶糖能力を示している。一つの工場で複数

表１－３　主要工場推定能力（2016年）

（単位：トン）

工場名		推定能力（日産）	メーカー名
太平洋製糖		750	塩水港精糖・東洋精糖・フジ日本精糖
関西製糖		500	塩水港精糖・大日本明治製糖・大東製糖
三井製糖	千葉工場	800	三井製糖
	神戸工場	1000	〃
	福岡工場	350	〃
新東日本精糖		1200	大日本明治製糖・日新製糖・大東製糖・岡常製糖
関門製糖		500	大日本明治製糖・日本甜菜製糖
伊藤忠製糖		800	伊藤忠製糖
第一糖業		500	第一糖業
和田製糖		500	和田製糖
日新製糖		400	日新製糖

出所　精糖工業会各資料などより筆者作成

のメーカーが操業しているのは、カルテル実施に伴い、生産設備の合理化を進めた結果と思われる。

上記の主要各社の工場日産推定能力を合計すると、7,300トンで、我が国の年間砂糖総消費量約200万トンから、甜菜の生産量約55万トンを差し引くと、145万トンとなる。これを365日で割ると、約4,000トンとなる。要するに、日産7,300トンの溶糖設備がありながら、単純に計算すると、一日あたり約55％しか稼動していないことになる。もちろん実勢の工場稼動日はもっと少ないし、この中には甜菜も幾分かは含まれているであろう。現在の精糖企業は、依然として設備過剰ではないだろうか。さらに日本精糖協会に加盟している中小規模の精糖会社の溶糖能力は上記に含まれていないので、設備過剰問題はより深刻である。

（３）　TPP と精糖業

TPP 交渉において、甘味資源作物（砂糖と加糖調製品）は、コメ、麦、牛肉、豚肉、乳製品と並んで重要５品目の「聖域」の一つとされた（農林水産省［2015］、日本経済新聞2015年10月22日付朝刊）。砂糖と加糖調製品はどのような扱いとなったのであろうか。以下その概要をみてみよう。粗糖・精糖は現行の国家貿易の基本的な枠組みが維持される。糖度99.3～99.5度の高糖度原料糖は、無税かつ調整金が削減される。日本はもっぱら高糖度原料糖を豪州から輸入している。TPP より以前に妥結していた、日本・豪州 EPA 合意にほぼ同じ措置が盛り込まれてあった。

従来豪州は日本向けに糖度を下げて、一般粗糖（糖度98.5度以下）として輸出していた。一般粗糖は無税扱いで、調整金だけが課されているからである。日本・豪州 EPA 合意以後、豪州は高糖度原料糖を対日輸出するとみられるが、国内産糖への影響はそれほどではないと分析されている。要するに、TPP 交渉の結果は、砂糖の現行輸入枠組みにはほとんど変化はなく、現状維持といってよい。砂糖がこのように保護貿易の対象となっている理由の一つには、世界貿易機関（World Trade Organization：WTO）設立の際のウルグアイ・ラウンド合意で、砂糖が重要品目（Sensitive Products）に指定されてミニマム・アクセスの対象となり、関税割当（＝保護関税）の対象となっていること、さらに米国の砂糖保護政策の影響などもあろう[(6)]。

加糖調製品の扱いは次のようである。品目ごとに関税割当を設定して、輸入量をきめ細かく管理し、砂糖含有率を秤量しながら、関税割当枠内の税率を一定に維持する。例えば含糖率約 9 割の加糖ココア粉は、関税割当がTPP 発効年は5,000トンからスタートして、 6 年目には7,500トンに増加し、税率は29.8％から14.9％に削減される。チョコレート菓子は自由化のスピードがより早く、TPP 発足 1 年目から 6 年目にかけて、関税割当は9,100トンから 1 万8,000トンと約 2 倍に拡大し、関税は10％から 0 ％（＝関税撤廃）となる。

砂糖業界関係者は、砂糖の国内消費量が減少基調にある背景の一つには、

（6）米国の著名な経済学者であるクルーグマン（P. Krugman）は、標準的な国際経済学の教科書の中で、米国の砂糖産業を典型的な保護貿易の圧力団体と説明している。米国が砂糖の輸入関税割当制を導入し、これにより米国内の砂糖価格は国際価格の 2 倍に達し、米国の消費者の損失額は年間30億ドルと見積られると指摘する。少数のサトウキビ農家などが圧力団体となり、政党の選挙資金を提供して既得権を守っているからである（クルーグマン・オブズフェルド・メリッツ［2017：78-79］）。併せて田中［2024］も参照されたい。

加糖調製品の輸入があると指摘している。今後より割安の加糖調製品の輸入が増加すると、砂糖消費の減少基調に拍車がかかることは明らかである。このことは消費者にはプラスとなるいっぽうで、精糖業界や砂糖を投入財とする国内の食品業界などにとっては、マイナスの影響となる。このように甘味資源作物を論じる際には、国内砂糖生産農家の保護だけではなく、精糖業界、砂糖を投入財とする食品業界、消費者の利益という複雑な利害損得が絡み合っている。比較優位に基づく貿易自由化を主張する伝統的な経済学説だけでは判断できない、政治的な配慮も不可欠となろう。

結びに代えて

本稿では我が国精糖業の現状と課題について、国内産糖（サトウキビと甜菜）を保護するために長期にわたり維持されてきた、糖価調整制度の仕組みと砂糖勘定の繰り越し損失問題、製糖・精糖企業の持つ過剰設備、総合商社を主役とする業界の再編成の変遷、加糖調製品の輸入増加、TPP を巡る一連の動きなどについて論じてきた。

砂糖を取り巻く業界の現状は、おそらく誰が見ても沢山の問題を抱えていて、業界関係者もそのことを十分認識しているにもかかわらず、これという即効的な解決策は見当たらず、頭を抱えている状態ではなかろうか。仮に砂糖輸入の完全自由化が実現すると、国内糖の生産農家がなくなってしまうだけでなく、粗糖・精糖の輸入も自由化されると予想されるから、精糖企業は大きな打撃を受けるであろう。前者の場合は特に離島の経済基盤を覆すことになるし、後者は産業としての精糖企業の浮沈につながる。工場の海外移転を視野に入れた経営戦略を構想している精糖企業もある。

砂糖は日常生活にとり不可欠な栄養源であり、主要甘味料である国内産糖の自給体制を今後も維持するためには、現行の糖価調整制度の抜本的な改革は困難なのかもしれない。サトウキビ生産地と北海道の甜菜農家の保護も不可欠である。特に前者の場合、歴史的にもまた自然環境から判断しても、基幹産業として位置づけられている。精糖工場は地元の大きな雇用源であるし、運搬用車両や肥料などの関連産業への波及効果も無視できない。しかし農家の高齢化はすすんでいるし、若い世代の担い手育成も早急に取り組むべき課題である。

砂糖を取り巻く経営環境の改善には、複雑な連立方程式を解くように、少しずつ確実なステップを踏んでいく必要がある。いささか細部に立ち入るので本稿ではあまり触れなかったが、サトウキビの品質取引を導入したことで、農家の経営努力により、生産の合理化と収益が向上した。このように、市場原理を部分的に導入していくことで、国民の負担のより少ない形での糖価調整制度の維持が可能となるであろう。現在進められている耕作地の集約と大規模化にも、何らかの形で市場原理を取り入れることで、より実質的なものになるのではないだろうか。こうしたテーマについて、引き続き研究する必要があろう。

附表　製糖業界の主な出来事

（1984年～）

1984	台糖を主体に三井製糖、新名糖など6社、相互生産委託開始 台糖、川崎工場閉鎖。大日本精糖、明治製糖が清算。三菱商事の全額出資で、前者は大日本精糖、後者は明治製糖と改称
1985	第一糖業と王子製糖、業務提携。王子製糖、工場閉鎖。国際糖価　NY2.56セントに下落
1986	GATT ウルグアイ・ラウンド開始。加糖調製品輸入急増のため、精糖工業会は農林水産省に輸入抑制を要望。農政審議会、21世紀に向けた農政基本方針発表。政府税制調査会、砂糖消費税を売上げ税に吸収する案を発表
1987	米国、農産物12品目の輸入自由化要求。砂糖消費税廃止見送り（売上税法案廃案のため）。精糖工業会、内外価格差の是正、砂糖消費税の撤廃、国産糖保護措置の見直し、公租公課負担の公平化を提言
1988	我が国の農産物12品目の輸入制限、GATT は違反認定。神戸精糖、会社解散。 83年から適用されていた特定産業構造改善臨時措置法、失効。精製糖設備廃止基本計画、目標の90万トンを達成。豪州糖輸入契約者会31社、解散。税制改革法公布（89年4月施行）消費税実施
1989	「さとうきびの日」制定。砂糖製品に課税される消費税の転嫁およびカルテル結成（31社）。砂糖消費税（16.00円/kg、従価換算約6％廃止）。消費税（3％）適用開始。ケイ・エス（KS）、九州製糖から営業を譲渡され、操業開始。さとうきび品質取引制度導入決定。てん菜原料糖制度創設
1990	沖縄県と鹿児島県にて、さとうきび品質取引連絡協議会発足。異性化糖、ソルビット調製品の輸入自由化。精糖工業会、砂糖の鮮度管理と賞味期限などの表示要求を過剰とする統一見解を発表

1991　蚕糸砂糖類価格安定事業団売戻し価格、市価参酌方式変更適用。牛肉・オレンジの輸入自由化。琉球製糖、第一製糖と製糖関係事業協業化

1992　オレンジジュース輸入自由化。加糖調製品（含糖率50%以上）の輸入自由化。精糖工業会、日本ビート糖業協会、日本甘蔗糖工業会、日本分蜜糖工業会の4団体、政府に粗糖関税の引き下げを陳情。新光糖業、西之表工場休業

1993　新名糖、品川工場閉鎖。東京穀物取引所と東京砂糖取引所合併し、東京商品取引所となる。第一製糖、中部製糖、琉球製糖の3社合併し、翔南製糖設立。塩水港精糖、大新製糖を吸収合併。GATT ウルグアイ・ラウンド妥結

1994　砂糖関税引き下げ（粗糖41.50円/kg から20.00円/kg、精製糖57.00円/kg から35.50/kg。4月1日実施）。新光糖業、西之表工場の閉鎖発表。さとうきびの品質取引開始。主要食糧の需給及び価格の安定に関する法律＝新食糧法公布。南西糖業、徳和瀬工場操業休止（97年より再開）、97年より平土野工場休止。三井グループ5社（三井物産、三井物産タイ法人、三井製糖、台糖など）、タイの大手製糖会社 Kaset Pohl Sugar Ltd. を買収

1995　GATT は発展的に解消され、WTO（世界貿易機関）発足。阪神淡路大震災。台糖神戸工場被災。コメなどを除く、農産物の関税化実施。新光糖業、西之表工場廃止。新食糧法施行

1996　翔南製糖、糸満工場廃止。大日本製糖と明治製糖合併、大日本明治製糖発足。蚕糸砂糖類価格安定事業団と畜産振興事業団が統合、農畜産業振興事業団発足。経済団体連合会、粗糖輸入調整金の圧縮、粗糖関税の一層の引き下げを要望。精糖工業会、農林水産省に粗糖関税の引き下げに関する要望書を提出

1997　粗糖関税引き下げ（20.00円/kg から15.00円/kg）。食料・農業・農村基本問題調査会発足。社団法人沖縄県含蜜糖公社解散、社団法人沖縄県糖業振興会が業務継承。東食、会社更生法の適用申請

1998　粗糖関税引き下げ（15.00円/kg から10.00円/kg）。丸紅、現地大手企業と共同で、豪州のさとうきび農園の開発、製糖工場の建設計画発表。北部製糖と沖縄県経済連の分蜜糖部門を統合、球陽製糖発足

1999　コメの関税化実施。甘味資源特別措置法の一部改正。食料・農業・農村基本法施行。産業活力再生特別措置法＝産業再生法公布。新たな砂糖・甘味資源作物政策大綱策定。翔南製糖、西原工場廃止

2000　日本甜菜製糖、大日本明治製糖、西日本製糖の3社、共同生産合意。日本甜菜製糖下関製糖工場の閉鎖。日新製糖、東日本精糖に資本参加し、共同生産。前者の豊洲工場の閉鎖。食料・農業・農村基本計画策定。粗糖関税（10.00円/kg）撤廃。三井製糖、新名糖合併（2001年4月）

2001　新砂糖価格調整法施行。東日本精糖、新東日本製糖に改称。徳倉製糖所、徳倉商会と合併。精糖工業会、日本分蜜糖工業会、日本甘蔗糖工業会、日本ビート糖業協会の4団体、加糖調製品を緊急輸入制限（セーフガード）措置の発動に当たるとして、輸入監視対象品目に加えるように農林水産省に申し入れ。和田製糖、レストラン部門からの撤退。日本精糖とフジ製糖、2001年に合併合意発表。新会社は太平洋製糖に出資し、塩水港精糖と東洋精糖と共同生産することに合意。関門

製糖設立（日本甜菜製糖下関精糖工場閉鎖）、操業開始。フジ日本精糖設立（日本精糖横浜工場閉鎖。フジ製糖解散）。大東製糖、大日本明治製糖、日新製糖、塩水港精糖の３社と共同生産に合意

2002　全甘味労協、農林水産省と精糖工業会に、雇用確保の要請書提出。東京穀物取引所開所50周年。関西商品取引所開所50周年

2003　新明和精糖、岡常製糖と合併。第一糖業、液糖事業本格化。台糖、医薬品部門を分社化。日本甜菜製糖の千葉物流センター起工。新三井製糖とフジ日本精糖、物流で提携合意。特殊法人農畜産業事業団は、独立行政法人農畜産業振興機構として発足。精製糖企業合理化推進緊急対策事業実施（２年間の限定）

2004　フジ日本精糖、清水工場操業停止。農林水産省、「砂糖及びでん粉に関する検討会」立ち上げ。新砂糖年度価格指標に伴う、国産糖価格を官報公示

2005　塩水港精糖、三菱商事と資本提携。パールエース、塩水港の完全子会社。新三井、台糖、ケイ・エスの３社合併、三井製糖誕生。三井製糖の連結子会社、備南産業、甲南サービス、大東産業の３社合併。中日本氷糖、共同生産会社である関西製糖と合弁、資本参加

2006　農政改革３法成立

2007　砂糖及びでん粉の価格調整に関する法律施行。食料・農業・農村対策推進本部「21世紀新農政2007」決定。民主党　農業者戸別所得補償法案提出

2008　砂糖普及啓発・消費推進事業助成予算終了。ビート糖業協会創立50周年記念式典。洞爺湖サミット開催。スプーン印（三井製糖）、50周年記念式典。東京工業品取引所、株式会社としてスタート

2009　医薬品大手が甘味料販売本格化（大日本住友製薬、ネオテーム）。日本甜菜製糖、創立90周年記念式典。世界的な糖価上昇。ソルビトール調整品値上げ。農林水産省、戸別所得補償制度導入。氷糖メーカー各社、価格引き上げ。戸別所得補償制度導入を前提として、平成22年の砂糖・でん粉生産者交付金単価据え置き

2010　精糖メーカー各社、国際原糖価格上昇のため、出荷価格約５％の引き上げ表明。豊田通商、タイ製糖メーカーと業務提携契約締結。三井物産、中国・光明食品と製糖などに関する業務提携。日本分蜜糖工業会、創立50周年記念式典。三井製糖の子会社３社（スプーンシュガーウエスト、スプーンシュガー、スプーンフーズ）合併。存続会社はスプーンシュガーウエスト。砂糖及びでん粉の価格調整に関する法律の一部改正を公布

2011　三井製糖　千葉工場、大震災で罹災。操業一時停止。日新製糖　千葉工場、大震災で罹災。操業一時停止。日本製糖協会と日本黒砂糖協会、「加工黒糖（加工黒砂糖）」の名称で合意。粗糖の平均輸入価格の基準を、ニューヨーク現物価格（NYS）から定期先物価格に変更。伊藤忠食糧販売と伊藤忠ライスが経営統合し、伊藤忠食糧。農林水産省の組織再編により、砂糖でん粉は農産部地域作物課となる。日本メキシコ経済連携協定改正議定書署名。砂糖は2014年再協議。日新製糖ホールディングス、東証２部上場。社団法人糖業協会、「公益社団法人」の認定を受ける。フジ日本製糖、タイにて合弁会社設立

2012　丸紅、アンゴラの製糖・バイオエタノール工場新設請負契約受注。日新製糖、新

光製糖、2013年に合併へ。新社名は日新製糖。三井製糖、箱崎に本社移転。ビート協会など農林省に、「甜菜の生産振興と需要拡大」に向けた要望書提出。月島機械、波照間島の黒糖製造施設受注。三井製糖、タイの製糖会社コンブリに資本参加

2013　東京穀物商品取引所立会停止し、粗糖取引は東京商品取引所に移管。フジ日本精糖、タイに海外子会社設立。住友商事、中国に砂糖製造販売事業会社設立。月島機械、西表島黒糖製造施設を受注

2014　塩水港精糖、東証一部上場指定承認。精糖工業会、価格転嫁カルテル、表示カルテル実施。消費税８％へ引き上げ。日豪EPA交渉、大筋合意　同年８月協定署名閣議決定。大日本明治製糖、希少糖入りシュガーシロップ新発売。日新製糖と日新カップ合併。三井製糖、商品開発神戸プラント（仮称）設立発表

2015　TPP交渉大筋合意。東京商品取引所、粗糖先物取引除外を決める。日新製糖健康産業事業の分社化。一般社団法人スローカロリー研究会設立。『砂糖の日』記念イベント開催。三井製糖ニュートリーに設備投資。TPP交渉、「甘味資源作物」糖価調整制度維持を決める。中日本氷糖創業120周年。日新製糖東証一部上場。松谷化学、レアシュガーインターナショナル設立

2016　TPP関連法閣議決定後、国会にて可決・成立。三井製糖「ニュートリーコンク2.5」リニューアル新発売。豊田通商グループ会社とサッポロインターナショナル米国の果汁100％シャーベット事業取得。分蜜糖砂糖消費量、８年ぶり前年実績比増。松谷化学工業、「プシコース」製造棟建設。『いい砂糖の日・記念セミナー』開催

2017　お砂糖“真”時代推進協議会『３月10日砂糖の日　KANMI TOKYO宣言』開催。精糖工業会拡充版ホームページ開設。岡常製糖「鬼ザラ粉糖」発売。日新製糖ガラクトオリゴ糖新製品発売。お砂糖“真”時代推進協議会30年間の活動終了。「スローカロリー倶楽部」、高島屋でオープン。日本とEUのEPA基本合意（糖価調整制度は維持）。大東製糖「カーラ・アウレリア」リニューアルオープン。三井製糖「スローカロリーシュガー」リニューアル発売。精糖工業会、「砂糖と健康」研究支援プロジェクトをスタート。日新製糖ツキオカフィルム製糖を子会社化。伊藤忠製糖『さとうきび収穫体験会』開催

2018　大東製糖「ギンザ素焚糖スイーツ・ステータス」開催。TPP11チリで署名式。おさとうの日実行委員会は『砂糖を上手に活用！SPORTS& SWEETSイベント』開催。シュガーチャージ推進協議会発足。三井製糖保有『明治拾八年に於ける布哇（ハワイ）』ヨハン・ヤコブ美術館に貸出。シュガーチャージ推進協議会『#みんなのチャレンジ310』イベント開催。日欧経済連携協定（EPA）署名。農畜産業振興機構、『和菓子産業の現状と未来』開催。新しいJASマーク決定。農林水産省『ありが糖運動』スタート

2019　シュガーチャージ推進協議会主催『みんなのチャレンジ310フェスティバル』開催。農林水産省『ありが糖運動アンバサダー』10名任命。三井製糖オリゴ市場参入。日本甜菜製糖創立100周年式典開催。三井製糖中国で合弁会社設立

2020　シュガーチャージ推進協議会『シュガーパーク2020』開催。欧州の製糖関係団

体、新型コロナ対策特別措置要請。農林水産省『ありが糖運動』SNS 開設。ブラジル製糖業者、政府に支援要請。タイ政府サトウキビ農家に支援決める。フジ日本精糖本社移転。伊藤忠製糖、日本応用糖質科学会受賞。北海道糖業本社移転。精糖工業会、糖業協会翌年の「賀詞交換会」中止決定

2021　三井製糖、大日本明治製糖、日本甜菜製糖、資本業務提携契約締結。砂糖の現物相場上昇。DM 三井製糖ホールディングスと日本甜菜製糖、ビート糖の効率生産体制で基本合意（DM 三井製糖 HD の連結子会社北海道糖業の本別製糖所生産設備を撤去し製品倉庫などにする）。大日本明治製糖、関門製糖の完全子会社化決議。精糖工業会、2001年11月11日付朝日新聞夕刊記事に反論

2022　WTO（世界貿易機関）はインドの砂糖政策を協定違反と裁定。株出し多収製糖用サトウキビ品種「はるのおうぎ」配布開始。三井製糖と大日本明治製糖が合併し、DM 三井製糖。ロシア砂糖と穀物の時限的禁輸措置導入。フジ日本精糖「フジのイヌリン600g」新発売。伊藤忠製糖、藤田医科大学に研究講座開設。「第２回北海道ビートフェア」開催。DM 三井製糖 HD、連結子会社ニュートリーがテルモ栄養食品・関連製品の資産を譲り受ける。日新製糖と伊藤忠製糖、経営統合最終合意。シュガーチャージ推進協議会、活動内容と方向性を発表。『スマート農業推進フォーラム2022　in おきなわ』開催。欧州製糖業界、豪州との自由貿易協定に懸念発表。農林水産省、糖価調整制度の累積赤字増加を発表

2023　日新製糖と伊藤忠製糖が経営統合し、ウェルネオシュガー発足

（注）社団法人糖業協会編『現代日本糖業史』丸善プラネット、2002年、『糖業年鑑』各年版、貿易日日通信社、農林水産省資料などを参照して筆者作成。

参考文献

青木正幸［2014］「国内産糖の現状と TPP について」『アナリストの眼』Vol.246、１月号（http://www.fukoku-life.co.jp/economy/report/download/pdf）。

伊藤忠製糖株式会社30年史編纂委員会編［2002］『30年の歩み』伊藤忠製糖株式会社。

岡山信夫［2014］「鹿児島県島嶼部および沖縄県における甘しゃ糖生産と農協の取組み」『農林金融』９月号、17-31ページ。

クルーグマン・オブズフェルド・メリッツ（山形浩生・守岡桜訳）［2017］『クルーグマン国際経済学 理論と政策（原書第10版）上：貿易編』丸善出版。

精糖工業会［1998］『季刊糖業資報　精糖工業会創立50周年記念誌「転回点からの証言と回想」』第４号別冊。

精糖工業会編［2015a］『砂糖』精糖工業会館。

精糖工業会編［2015b］『砂糖統計年鑑』精糖工業会館。

全国菓子工業組合連合会［2012］「TPP と菓子産業」（http://www.zenkaren.net/archives）。

田中高［2012］「日本・キューバ貿易と米国の対日政策―1960年代、キューバ糖貿易を巡る３カ国の外交姿勢とナショナリズム―」『国際政治』第170号、61-75ページ。
田中高［2024］「米国の農産品保護政策：砂糖の事例」『産業経済探究』第７号、55-72ページ。
東京商品取引所［2015］「粗糖の基礎知識」（http://www.tocom.or.jp/）。
糖業協会編［2002］『現代日本糖業史』丸善プラネット。
中本博皓［1965］『現代日本精糖業の発展と分析―とくに名古屋精糖の研究』新生社。
名古屋精糖株式会社編［1958］『名糖』名古屋精糖株式会社。
日新製糖株式会社編［1982］『日新製糖三十年史』日新製糖株式会社。
日本甜菜製糖株式会社編［2019］『日本甜菜製糖100年史』日本甜菜製糖株式会社。
日本分蜜糖工業会創立50周年記念誌編集委員会編［2011］『50年の歩み　日本分蜜糖工業会』日本分蜜糖工業会。
農畜産業振興機構編［2014］『日本の砂糖を支える仕組み』独立行政法人農畜産業振興機構。
農林水産省「砂糖及び異性化糖の需給見通し」各号。
農林水産省［2013］『日本型直接支払制度の創設及び新たな経営所得安定対策等の概要』（http://www.maff.go.jp/j/kanbo/saisei/honbu/pdf/2-1aramasi.pdf）。
農林水産省［2014a］『砂糖及びでん粉をめぐる現状と課題について』（https://www.maff.go.jp/j/council/seisaku/kanmi/h26_1/pdf/5_data3.pdf）。
農林水産省［2014b］『砂糖・でん粉の制度及び最近の情勢について』（https://www.maff.go.jp/j/council/seisaku/kanmi/h26_1/pdf/7_data5_rev.pdf）。
農林水産省［2015］『TPP 交渉　農林水産分野の大筋合意の概要（追加資料）』（https://www.maff.go.jp/j/kanbo/tpp/pdf/2-2_tpp_goui.pdf）。
農林水産省［2023］『砂糖・でん粉をめぐる状況について』（https://www.maff.go.jp/j/seisan/tokusan/kansho/attach/pdf/index-1.pdf）。
日高秀昌・岸原士郎・斎藤祥治編［2009］『砂糖の事典』東京堂出版。
貿易日日通信社［2015］『2015年版糖業年鑑』貿易日日通信社。
星野妙子［1984］「キューバ革命後のカリブ海地域における砂糖産業の変容」『アジア経済』第25巻12号、28-49ページ。
ロメロ イサミ［2022］「日本とキューバ革命―一九五九年のゲバラ使節団―」『国際政治』第207号、97-112ページ。

第2章

日本製糖業の現状と課題について（後半）
――糖価調整法と甜菜・サトウキビの現状――*

はじめに

本章では前章に引き続き、我が国の精糖業について考察するが、よりテーマを絞り、2000年10月に施行された「砂糖の価格調整に関する法律（以下糖価調整法と略)」以降の日本精糖業の直面するいくつかの課題と北海道の甜菜（てんさい）と沖縄のサトウキビ栽培を、現地調査の成果も踏まえて考察することにしたい。糖価調整法が成立した2000年前後は、農業政策の大きな転換点になる節目であった。1999年には「食料・農業・農村基本法」が施行された。農林水産省の作成した「農政改革大綱骨子」（1998年12月）では、新法は国内農業生産を基本とした食料の安定供給、消費者の視点を重視した食料政策、農地などの生産基盤の整備、担い手の確保、農業経営の安定と発展、農業の自然循環機能の発揮、農村・農業の多面的機能の発揮などを目指すと述べている。

さらに精糖業界に直接的に関係する行政上の動きとして、通商産業省（当時）が主務官庁となった「産業活力再生特別措置法（産業再生法と略称される)」（1999年９月施行）がある。同法はより生産性の高い、将来性の見込める事業への構造転換を推進するもので、施設の撤去、設備の廃棄、資産の譲渡、清算による事業の縮小に対して、産業基盤整備基金などより政府の助成を行うことを定めていた。精糖業も同法の適用対象とされ、業界大手の三井製糖と新名糖（現DM三井製糖ホールディングス)、日本精糖とフジ製糖（現フジ日本精糖）など、主要な精糖企業の再編統合が進んだ。

＊　本稿の初出は「日本製糖業の直面するいくつかの課題について―糖価調整法の行方―」『産業経済研究所紀要』2017年第27号、1-25ページ。

以下論じるように糖価調整法では、市場原理の重視が法改正の一つの柱となった。従来の国家管理による統制経済型の砂糖政策から、入札制度などを導入したのも、この方針に沿うものであった。糖価調整法が導入されてからすでに20年余りが経つ。果たしてこのような試みは、当初の目的を果たしているのであろうか。糖価調整法施行以後も消費者の砂糖離れ、加糖調製品の輸入増、砂糖勘定の赤字、過剰設備問題など我が国の精糖業を取り巻く事業環境は依然として厳しい。現状についてのこうした認識は行政側も共有していて、例えば農林水産省が作成した「平成27（2015）砂糖年度における砂糖及び異性化糖の需給見通し（第1回）」では、「糖価調整制度の維持・存続に向けた検討を真剣に行うものとする」という文言が盛り込まれ、同制度の現状に対して、強い危機意識をにじませている。

本章では以上の問題意識のもとに、まず入札制度の現状を概観し、二次調整金のあり方について論じる。さらに国内糖の8割を占める甜菜について、1977年から大幅な変化のない、現在の3社8工場体制の枠組みについて考察する。また、甜菜の過剰生産対策である原料糖の問題についても触れたい。最後に、サトウキビ生産の現状について、宮古諸島での現地調査も踏まえて、より高い生産性の農業を目指すための、いくつかの提言を行うこととしたい。

第1節　入札制度と二次調整金の現状と課題

糖価調整法は、市場原理の導入により、糖価水準を引き下げることで加糖調製品や甘味料との競争力を強化しつつ、需要増加を喚起することを目指した。このための対策の一つとして、国内糖（北海道で生産される甜菜と沖縄産分蜜糖の一部）に入札制度が導入された。また粗糖輸入の一部も、輸入指定糖という呼称で入札が実施されることになった。原料の調達に市場原理を機能させることが、当初の目的であった。しかし輸入指定糖の数量は、粗糖の年間輸入量の10％以下とすることが一応の目安であり、価格全体への波及効果は限定された。また市場原理の導入と逆行する形で、一次調整金による輸入枠を超える数量を輸入する際に支払う、二次調整金の単価が大幅に引き上げられた。輸入指定糖や二次調整金による輸入取引に係る手続きは、独立行政法人農畜産業振興機構（以下 alic と略）が担当している。

輸入指定糖入札は、10月、1月、4月、7月の年4回実施されるが、入札に参加できるのは、農林水産大臣より通知を受けた、過去に粗糖輸入実績のある精糖企業のみであり、「独占を防止する観点から、申込限度数量を設定」している。

第一回輸入糖入札が実施された当時の模様について、『糖業年鑑　2001年（平成13年）版』（貿易日日通信社）は概略次のように記述している（貿易日日通信社［2001：3-30］）。

> 2000年10月20日午前10時、畜産産業振興事業団（alic の前身）本部6階大会議室に設置された取引場で、2000年砂糖年度（10月から翌年9月末）第1四半期分（10～12月期）の第1回輸入指定糖入札が行われ、上はトン当たり2万11円から下は1万2,000円の結果となった。これは一次調整金に加算される2次調整金の金額＝プレミアム価格で、一次調整金の売り戻し価格にプラスするとトン当たり7万9,183円から下は7万1,172円で、平均金額は7万4,203円となる。第1四半期分の数量は2万1,800トンであった。
>
> 翌2001年1月18日には、第2四半期の輸入指定糖1万7,900トンの入札（＝売り出し数量）があり、15社が申し込み、合計数量は3万5,438トン。落札価格は最高がトン当たり2万100円、最低は1万4,002円で、加重した平均金額は1万6,894円。

留意すべきは、当時業界でプレミアムと呼ばれていたこの価格は、一次調整金に上乗せする金額だということである。換言すると精糖企業としては、このプレミアムを支払っても、より多くの粗糖を確保したかった、ということになる。落札価格にかなりの開きがあるのは、精糖企業の規模や生産能力、販売力などの体力差あるいは企業努力を反映したものであろう。ここで指摘したいのは、入札制度が導入された初期の段階では、上述の入札価格の動きから推察されるように、市場原理、市場競争力がそれなりに機能していた点である。

以上を踏まえて、輸入指定糖の入札の様子を検討してみよう。alic が公表している2016砂糖年度第1回入札結果（2016年10月12日付）によると、次のようである。上場数量（売りに出された数量。年間合計約9万トン）は2万4,400トン、申込者数は19、申込数量は6万8,320トン、申込倍率は2.8倍、落札数量は2万4,400トンで落札率は100％である。落札価格は最高と最低が同一価格で、トン当たり2万5,543円となっている。いうまでもなく、平均価格もこれと同じ2万5,543円になる。落札価格は一次調整金の加算額（プレミアム）で、消費税は含まれていない。参考までに2014砂糖年度、2013砂糖年度の入札結果を見ても、大体20社前後の申し込みがあり落札率は100％で、落札価格は最高と最低は同一。果たして、これで糖価調整法を導入した際に意図された、市場原理の導入という初期の目標が達成されたといえるのであろうか。

加えて、糖価調整法の前身である砂糖価格安定法（1965年施行）の時代から、二次調整金枠があり、一次調整金に上乗せした価格で粗糖を追加的に輸入することが認められている。ここでいう一次調整金とは alic の行う、平均輸入価格と売り戻し価格の差額のことで、ニューヨーク粗糖先物価格の平均と運賃・保険料・輸入諸掛りなどに、調整率（国内産糖の自給率）などを勘案して算出される。二次調整金の金額は、輸入指定糖の落札価格にほぼ連動している。例えば2013砂糖年度の二次調整金はトン当たり2万5,716円で、2013年砂糖年度第2回、輸入指定糖の落札結果であるトン当たり2万5,715円とほぼ同一である。要するに、輸入指定糖の落札価格を参考にして、二次調整金の金額を設定している。

ところで二次調整金についての情報公開は非常に限定されたもので、この制度を利用してどのくらいの粗糖が輸入されているのか、一般の人間には実態はわからない。輸入指定糖のケースと比べてみても、どの程度の粗糖量が二次調整に振り向けられ、この制度がどのように、あるいはどのくらい活用されているのかは、業界団体と行政関係者以外には情報が入らない仕組みである。輸入指定糖は、入札により価格と数量が決定され、情報公開されている。糖価調整法は、この点で、機能を十分に果たしているといえるのであろうか。

このような懸念は業界内にも醸成されているようである。例えば『食品新聞』（2013年1月7日付）に掲載された葉山彰（伊藤忠製糖社長当時）の記事によると、砂糖制度、砂糖行政のあり方に関して重大な危機感を持ち、伊藤忠製糖グループは2012年10月の農林水産省の省令改定に対して抗議文を提出した。その概要は以下のようである。

> 従来は、一次枠（一次調整金を支払って粗糖輸入する割り当て量）のシェア改定の前提になる各精糖企業の取り扱い実績に、二次枠（二次調整金に該当する粗糖輸入量）を使った実績を算入していたものを改定し、二次枠の実績を含めない方針に変更した。これは業界の秩序を維持し、未来永劫、本来あるべき通知枠の改定がなされないということにつながる。糖価調整法の目指す健全な業界の発展のためにも、公正かつ自由な競争により、国内糖価を引き下げ、砂糖需要を喚起するという趣旨に反する。

要するに従来から各精糖企業は、一次枠の実績値に基づいて粗糖輸入の割り当てを受けている。伊藤忠製糖グループは、一次枠に加えてかなり高額な二次調整金を払って二次枠を使い、実績を上げてきた。しかし省令の変更により、二次枠を実績に含めないことを決めた。同社はこの動きに抗議している。実績値により一次枠の割り当てがされる以上、少しでも実績値を増やそうとするのは、企業判断として合理的であろう。

2016砂糖年度の二次調整金はトン当たり２万5,544円で、これは一次調整金に加算される額である。例えば、2015年１～３月の一次調整金はトン当たり３万8,558円で、仮に二次枠を利用すると、トン当たり６万4,102円、キログラム当たりに換算すると64円10銭となる。筆者のような部外者が抱く素朴な疑問は次のようなものではなかろうか。まずこれだけの調整金を払っても、採算が取れるものなのか。先に紹介した記事の中で、葉山は「お客様・ユーザー目線で需要の確保・創造につとめてきた」としている。おそらく経営上の判断としては右以外にも、工場設備の一定の稼働率を維持することで、コストの切り下げが可能になる点もあろう。溶糖能力に余裕があれば、高額な調整金を払っても稼働率を高めることで、採算割れを防げる。もちろんそれを支えるのは、生産性の高い設備と強固な販売力である。

他方業界全体から見ると、二次枠を使って操業する同業者は、いささか迷惑な存在に映るかもしれない。砂糖の消費量は頭打ちではあるが、護送船団方式のもと、毎年国が定める見通しに基づいて、一定量の粗糖を定められた金額で購入していれば、それなりの利益を上げることができる。しかしそうした視点には、残念ながら消費者の存在は希薄である。過去の歴史を振り返るまでもなく、この業界に内在する過当競争体質を考えると、安値による乱売が業界全体の浮沈につながりかねないという懸念も生じよう。

糖価調整法の意図したのは、市場と競争のルールを漸進的に取り入れることで、業界の健全な発展を目指す、ということであった。今求められているのは、この原点にまでさかのぼって、業界、行政、菓子業界などの食品企業を含む消費者の、それぞれの立ち位置を再確認することではなかろうか。時代の変化に対応した、糖価調整法の手直し、修正が必要な時期に差し掛かっている。

第2節　甜菜の栽培と原料糖について

（1）　甜菜栽培の現状

農林水産省が公表している『平成28（2016）砂糖年度における砂糖及び異性化糖の需給見通し（第2回）』（表2－1参照）によると、2016砂糖年度砂糖需給の見通しでは、総需要量は199万5,000トン、うち国内産糖は67万3,000トンで、前年の81万3,000トンから約17％の減少である。国内産糖の内訳は、甜菜が50万9,000トン、サトウキビは13万5,000トンである。このほかに含蜜糖があるが、ここでは議論を簡単にするため省略する。2016砂糖年度の国内産糖生産が前年比で大きく減少した主因は、国内産糖の約8割を占める甜菜の作柄悪化によるものである。北海道の甜菜主力生産地である十勝圏を襲った強風や台風により、甜菜だけでなく、小豆や馬鈴薯など他の作物も多大の被害を受けた。他方幸い、サトウキビの作柄は順調で、前年比約5％の増加を見込んでいる。

農業が気象条件の変化、病害虫などの被害に大きく左右される以上、確実に作柄を予想することはほぼ不可能である。我が国の国内産糖がサトウキビの生産地である鹿児島、沖縄、離島と甜菜の生産地である北海道の二極に分かれていることは、安定供給の観点から望ましい姿といえる。さらに北海道

表２－１　砂糖の需給総括表

砂糖年度	総需要量①千トン	対前年比%	国内産糖生産②千トン	てん菜	白糖	原料糖	甘しゃ糖	輸入量	②／①%	一人当たり消費量kg
1975	2,877	5.6	449	224	224	—	213	2,351	15	25.6
1980	2,614	▲10.7	765	535	535	—	223	1,548	29	22.3
1985	2,655	0.5	870	574	574	—	285	1,779	32	21.9
1989	2,633	▲0.6	934	614	532	82	307	1,669	35	21.3
1990	2,643	0.4	865	644	527	116	212	1,693	32	21.3
1991	2,611	▲1.2	924	718	531	187	198	1,727	35	21.0
1992	2,513	▲3.8	838	626	513	112	204	1,701	33	20.2
1993	2,476	▲1.5	790	602	491	111	180	1,628	32	19.8
1994	2,471	▲0.2	765	583	501	82	175	1,639	31	19.8
1995	2,435	▲1.5	842	650	491	159	183	1,606	35	19.4
1996	2,385	▲2.1	716	573	483	90	136	1,608	30	18.9
1997	2,323	▲2.6	808	643	476	166	156	1,542	35	18.4
1998	2,313	▲0.4	860	679	453	225	172	1,468	37	18.3
1999	2,300	▲0.6	800	616	482	134	175	1,487	35	18.1
2000	2,293	▲0.3	730	569	446	123	153	1,483	32	18.1
2001	2,277	▲0.7	840	663	471	192	170	1,405	37	17.9
2002	2,296	0.8	875	721	469	252	143	1,480	38	18.0
2003	2,237	▲2.6	904	743	463	280	153	1,364	40	17.5
2004	2,229	▲0.4	912	784	477	307	121	1,272	41	17.5
2005	2,165	▲2.9	839	699	452	247	132	1,326	39	17.0
2006	2,181	0.7	800	643	451	192	148	1,346	37	17.1
2007	2,197	0.7	861	683	454	229	169	1,380	39	17.2
2008	2,135	▲2.8	878	683	451	232	186	1,222	41	16.7
2009	2,099	▲1.7	861	683	433	250	168	1,263	41	16.5
2010	2,095	▲0.2	655	490	424	66	156	1,431	31	16.4
2011	2,039	▲2.7	674	564	446	118	104	1,375	33	16.0
2012	2,026	▲0.6	691	561	416	145	122	1,338	34	15.9
2013	2,006	▲1.0	687	551	410	140	129	1,284	34	15.8
2014	1,971	▲1.7	737	607	410	197	122	1,220	37	15.5
2015	1,983	0.6	813	676	423	253	129	1,176	41	15.6
2016	1,995	0.6	673	509	401	157	135	1,226	35	15.7
2017	1,921	▲1.8	794	656	432	224	128	1,111	41	15.2
2018	1,895	▲1.4	745	614	401	213	120	1,183	39	15.0
2019	1,779	▲6.1	788	650	415	235	127	1,030	44	14.1
2020	1,769	▲0.6	783	630	384	246	142	1,025	44	14.1
2021	1,803	1.9	792	639	386	252	144	984	44	14.4
2022	1,804	0	702	562	399	163	132	1,065	39	14.5
2023	1,817	0.7	591	456	390	66	128	1,185	33	14.6

出所　農林水産省「令和５砂糖年度における砂糖及び異性化糖の需給見通し（第２回）」（2023年）など

内でも、甜菜の主要な生産地がオホーツク海側と十勝圏の二か所に集中していることは、より望ましい形のリスク分散につながる。

上記の点を踏まえつつ以下本節では、国内産糖の最大の生産地である北海道における甜菜生産と精糖業の課題について論じる。その要点をあらかじめここで示しておくと、昨年の作柄不振にもかかわらず、最近年の傾向として、甜菜は過剰生産ではないかという疑問がある。原料糖と呼ばれるものがこれに該当する。後述のように原料糖は、再溶糖として使用される。加えて精糖企業としては、長年にわたり３社８工場体制が維持されているが、果たしてこの現状は糖業を取り巻く内外の環境変化に即したものなのだろうか、という疑問である。

甜菜は道内の総農家の19％、農地面積の15％、農業生産額の７％を占める主要作物の一つである。甜菜は冷害に強く、畑作における輪作体系の一部を構成していて、農業生産を維持するうえで不可欠な作物でもある。例えば甜菜農家は、麦・甜菜・豆類・馬鈴薯の４輪作（十勝圏）、麦・甜菜・馬鈴薯（網走圏）などの作物を周期的に組み入れることで、地味の劣化を防ぐことができる。仮に単一作物生産だけに特化してしまうと、やがて土の滋養分が減少してしまい、生産性が減少する。

北海道は道央圏（石狩・空知・胆振・日高・後志）、道南圏（渡島・檜山）、道北圏（上川・留萌・宗谷）、オホーツク圏（網走）、十勝圏（十勝、帯広）、根室圏（釧路・根室）と６つの圏に分類できる[1]が、それぞれの農業地域の実態には大きな差異がある。甜菜栽培についてみると、これらの６区分された圏では、地勢・土壌・気象・一戸当たりの経営規模、作目・経営形態（畑作専業か水田・酪農等との混合か）・家族労力・農業生産額・同収益・兼業収益の有無などについて偏差がある。広大な十勝平野の平坦な沖積土地地帯と狭隘な道南の胆振（いぶり）地方、傾斜地の粗粒火山炭土地帯では経営上、かなりの条件格差のあることは、否定できない。特に工場立地と甜菜栽培地域の関係から、原料の集荷輸送費の格差は歴然たるものがある（山本［1994］）。

（１）北海道の行政区分は、大分類、生活圏分類など複数存在する。本稿では６圏の分類を援用する。

表2-2　北海道　甜菜作付け・収穫量　2015年産

区分	作付面積 ha	10a 当たり収量 kg	収穫量 ton
北海道	58,800	6,680	3,925,000
石狩	978	6,520	63,800
渡島	150	5,220	7,840
檜山	260	5,990	15,600
後志	1,320	5,760	76,000
空知	518	6,250	32,400
上川	3,630	6,460	234,500
留萌	265	3,530	9,370
宗谷	—	—	—
オホーツク	23,700	6,880	1,630,000
胆振	1,670	6,540	109,500
日高	52	6,150	3,200
十勝	25,800	6,660	1,717,000
釧路	299	6,350	19,000
根室	130	5,530	7,180

出所　北海道農政部生産振興局農産振興課「平成27年度てん菜生産実績」2015年

2015年の北海道における甜菜生産量の概要は以下のようである（表2-2参照）。甜菜の最大の生産地は十勝圏で171万7,000トン、2番目は網走を中心とするオホーツク圏で163万トン。十勝圏には日本甜菜製糖の芽室製糖所（芽室町）、北海道糖業の本別製糖所（本別町）、ホクレンの清水製糖工場（清水町）がある。オホーツク圏には日本甜菜製糖の美幌製糖所（美幌町）、ホクレンの中斜里製糖工場（斜里町）、北海道糖業の北見製糖所（北見町）がある。道北圏の上川、留萌は合計で24万3,870トンとなっているが、道南圏の檜山、渡島地方の生産量は合計しても2万3,440トンにとどまる。

甜菜の生産費と必要労働力については、農林水産省統計部が「農業経営統計調査」で定期的に内訳を公表しているので、以下概観してみよう。表2-3によれば10アール当たりの生産費用合計は9万7,373円で、このうち77%（約8割）は物財費で、労働費は2万2,869円で約2割を占める。生産費用に利子・地代を加えると10万9,300円。10アール当たりの収量は6,686キロ

北海道芽室　日本甜菜製糖工場

（筆者撮影）

北海道中斜里　ホクレン製糖工場

（筆者撮影）

表2－3　2015年産甜菜生産費

（単位：円）

	10アール当たり	前年比*	1トン当たり	前年比*
物財費	74,504	1.5	11,141	Δ5.8
労働費	22,869	Δ2.8	3,420	Δ9.7
費用合計	97,373	0.4	14,561	Δ6.8
生産費（副産物価額差引）	97,373	0.4	14,561	Δ6.8
支払利子・地代算入生産費	100,039	0.8	14,960	Δ6.4
資本利子・地代全額算入生産費	109,300	0.3	16,345	Δ6.8
収量（kg）	6,686	7.6		
1経営体当たり作付け面積（アール）	797.2	4.0		

*　%

出所　農林水産省統計部「農林水産統計　平成27年産　てんさい生産費」2015年

で、１経営体当たりの作付け面積の平均は797.2アール（約８ヘクタール）。表の右側は、１トン当たりの生産費と前年比増減（%）を示している。

2015年度の甜菜農家の生産費は10万9,300円×79.72＝871万3,396円。農家への国からの交付金は1,000キロ当たり7,060円（糖度16.3度）で、この数字を適用すると、平均的な規模の甜菜農家の交付金収入は、6,686キログラム（10アール当たり収量）×7,060円（1,000キロ当たり）×79.72（平均的な農家の規模。単位10アール）＝376万3,036円。これに加えて、農家は精糖企業に「当事者間で決定する」価格で、甜菜を販売する。精糖企業は、「甜菜を原料として製造される国内産糖」について、１トン当たり２万1,040円（2014砂糖年度）の交付金を受ける。

表２－４は作物別に見た平均的な農家の収入を示している。甜菜の年間収入は401万2,000円で、麦や馬鈴薯よりも高収益である。しかし労働時間の点では1,183時間と最も長い労働時間が必要である。

ここで甜菜栽培の技術上の留意点について簡単に触れておく（以下斎藤［1999］、斎藤［2000］による）。甜菜生産は戦後、技術的に飛躍的に進歩した。1953年から日本甜菜製糖が独自技術として、紙筒移植栽培方法を開発。紙筒移植栽技術の導入により、生育期間の延長を可能にし、光合成量を増大させ、大幅な増収がもたらされた。また生育初期における干ばつや風害、各種の発芽障害、様々な病虫害の軽減が可能となった。この結果収量は安定し、植え付けが合理化したと評価されている。

1970年代以降、ヨーロッパから単胚種子が輸入され、従来の多胚種子に代

表２－４　畑作経営（北海道）における作物別部門収支

（単位：千円）

	粗収益	所得	収益性*	自営農業労働時間**
てん菜	11,115	4,012	46	1,183
麦類	11,074	3,741	34	388
馬鈴薯	10,712	7,242	45	1,175

＊　収益性　作付面積10アール当たり
＊＊　自営農業労働時間　時間
出所　農林水産省「農林水産統計　平成27年度　農業経営統計調査　個別経営の営農類型別経営統計」2015年

わって急速に普及し、厳しい労働を強いられてきた苗床での間引き作業が軽減した。育苗作業の効率化のため、紙筒への播種機械や土埋機械と大型ハウス、ポット用土保管場所などを組み合わせた育苗プラントの開発も進んだ。

直播栽培と紙筒栽培の労働時間の差も大幅に縮小したが、依然として、移植には手間がかかるのが難点とされ、単収では移植が直播を上回るものの、政府は近年、直播を奨励している。紙筒による移植栽培は定植を４月20日頃から始めて、遅くても５月中旬に終了する必要があるが、馬鈴薯、野菜などの他の畑作物の植え付けと、時期的に競合してしまう。深刻な労働力不足のため、この期間に甜菜の移植が可能な面積は限られ、せいぜい10数ヘクタールが限界という意見もある（叶［2004］）。

直播は移植に比較すると、「ビート作付面積10ヘクタールの植え付けは、移植が８人×２日、直播は１人×２日の作業である。直播は移植に比べ労働生産性は約10倍も高い」うえに、育苗・移植のコストが不要であり、経費も平均すると20％程度軽減されるという指摘もある（叶［2004］）。とはいえ2016年の十勝圏を襲った大雨と台風の被害状況を、直播と移植で比べると、前者の被害が大きく、自然災害のリスク管理などを考慮すると、移植にもそれなりの優位性のあることも事実である。肝要なことは、両者の適度な組み合わせ、すなわちベスト・ミックスであろう。

（２）　原料糖制度について

表２－１では、甜菜が白糖と原料糖（後述参照）の二種類に分かれている。二つに区分するのは、以下述べるように、甜菜の供給過剰により取られた措置によるものである。まず原料糖の推移を見てみよう。原料糖は1989年以降当初の８万2,000トンから2004年の最大値である30万7,000トンの間を動いてきた。豊作であった2015年を除くと、年によりかなりの変動はあるが、大体10万トンから20万トンくらいの間にある。甜菜生産は1980年代以降増加し、近年は50万トン中位から60万トンくらいのレンジで動いている。

原料糖とは、甜菜の供給過剰状態を解決するため1989年に導入された原料糖制度のことを指している。同制度の前身となったのは、1975年代半ばから、一定量を超える甜菜糖を精製糖の原料として再溶解して市場に出す「特別販売（別途処理）」と呼ばれた緊急避難的な市況対策であった。

以下斎藤［1999］、斎藤［2000］、山本［1994］に依拠しながら、甜菜原料糖制度を検証してみよう。原料糖導入のきっかけは、甜菜の供給過剰で、一定数量を原料糖として蚕糸砂糖類価格安定事業団（alicの前身。以下価格安定事業団と略）を通して精糖会社に引き取ってもらい、精糖会社はそれをサトウキビとともに再溶糖して精製糖として販売する。具体的には、①甜菜糖の通常年間販売数量を53万トンとし、これを超える数量については精糖業界に販売。②国内総需要量が258万〜263万トンの間は53万トン、その数量帯前後はそれぞれ増減量の20％をプラスまたはマイナスし、需要の変化に応じて販売数量を調節。③価格については１キログラム当たり甜菜白糖よりも27円低く設定。

この制度の下で、原料糖は各精糖企業へ割り当てられることになったが、その際のシェア算定基礎は、精糖企業別の白糖販売数量、甜菜の作付指標面積、産糖量の三つの指標であった。これを50：25：25の割合で調整し、過去７年の移動平均をとり、各年度の各精糖企業別の白糖の販売数量を算定し、それぞれの産糖量からそれを差し引いたものを、原料糖として割り当てることにした。

原料糖制度発足当時の基本的な考えとして、サトウキビ生産量は20万トンで一定ないしは減少傾向にある一方で、甜菜糖生産量が20万〜30万トンのレベルから50万〜60万トンのレベルになると、国内の砂糖需給市場の秩序に混乱が生じるという懸念であった。行政サイドも業界関係者も、甜菜糖は本来計画的かつ安定的に作られるべきであるが、一時的な理由で一定水準を超えて生産された場合、国内市場にその全量が出回らないように出荷を止める必要がある、という認識で一致した。

原料糖制度が発足した時点の目論見では、先に述べたように甜菜糖（＝白糖）の通常年間販売量を、国内総需給量が258万〜263万トンの間は53万トンとし、これを超える数量については、原料糖として精糖業界に販売する。その数量帯の前後はそれぞれ増減量の20％をプラスあるいはマイナスさせて、需要の変化に応じて販売量を調整。価格は甜菜糖（＝白糖）のキログラム当たり27円引きとして、基本的に甜菜糖精糖企業（具体的には日本甜菜製糖、ホクレン、北海道糖業の３社を指す。以下同じ）が20円、原料生産者すなわち農家が７円負担する。精糖業は、原料糖が価格安定事業団から売り戻された価格で買うが、輸入糖よりも数円高い価格を負担する。なお2000年の糖価調整法施行後、価格安定事業団の買い入れ価格制は入札制度に変更された。2005年からは甜菜糖に対する交付金対象数量の上限として、基準産糖量（64万トンプラス豊凶変動考慮分５％＝67万4,600トン）が設定された（澤田［2007：5-6］）。理論的には、これを上回る豊作になると、交付金の配分はストップする。

斎藤高宏は同制度発足当時は、道内の甜菜糖精糖企業の産糖量の過半が原料糖に回され、その生産を主目的とする工場も少なくなかった、と指摘する（斎藤［2000：52-55］）。また原料糖制度は、甜菜糖精糖企業及び精糖企業にメリットのある制度ではなく、甜菜糖精糖企業にとり、価格安定事業団の原料糖の買い入れ価格は白糖のそれよりも低く、経営的には負担である。当初は原料糖へ回される数量も少なかったため、当該年度に価格安定事業団を通じて精糖企業に引き取ってもらっていたが、その数量が増大したため、甜菜糖精糖企業の在庫として翌年度まで繰り越すことになった、という。

精糖企業にとり原料糖は、輸入粗糖に比べて歩留まりは高いが、高価格なうえ[(2)]、形成価格の算定に原料糖価格は織り込まれていない。原料糖の再溶糖に要するコストを負担しなければならないうえに、技術的な問題として、サトウキビと原料糖の混入が容易になじまない点も指摘されている。原料糖が一定の量を超えると、独特の臭味が付くことがあるという。また斎藤は、甜菜原料糖制度は、一方では甜菜精糖業の救済措置として導入されたが、他方で交付金や調整金の負担を通じて政府の保護政策を拡大させることになったとも指摘する。

原料糖は我が国の食料安定供給の視点からすると、必要不可欠の制度かもしれない。しかし甜菜糖精糖企業にとり、甜菜糖栽培農家との長期的な契約を維持するという経営上の判断から、かなりの負担を覚悟して受け入れてい

（２）この制度発足時の価格安定事業団の買い入れ価格は、トン当たり16万6,137円（含消費税）であったが、現行入札制度のもと、2016年にはトン当たり９万6,600円（消費税、地方税を含まない）に下がっている。

るのが、現状ではなかろうか。年度によりばらつきはあるものの、近年では原料糖がサトウキビの年間生産量を上回る年が続いている。原料糖制度の発足した1989年に比べると、2016年の砂糖の総需要量はおよそ25%減少。2016年には十勝圏を襲った強風、長雨、台風、降雪により、甜菜の生産量は前年比24.8%減と見込まれ、農家をはじめとする関係者は憂慮した。とはいえ原料糖は10万8,000トンの見通しとなった。甜菜糖生産量の適正な水準とはどのようなものなのか、栽培農家、精糖業界、行政、消費者団体も参加したオープンな場で議論する必要に迫られているのではなかろうか。以下この問題を考えていくうえでも参考になると思われるので、北海道における甜菜糖精糖企業の現状について検討する。

第3節　甜菜糖精糖企業の現況

甜菜糖精糖企業の業界団体は日本ビート糖業協会で、加盟会社は日本甜菜製糖、ホクレン農業協同組合連合会（＝ホクレン）、北海道糖業の3社である。北海道における最初の精糖工場の設立は、1880年の官営紋別製糖所にさかのぼる。その後1919年に現在の日本甜菜製糖の前身である北海道製糖が設立され、日本甜菜製糖、明治製糖に合併されたのち北海道製糖、北海道興農工業と社名が変わり、1947年、現在の日本甜菜製糖となる。東証一部（現プライム市場）上場で、資本金は82億8,000万円。同社の芽室製糖所は1日当たりの甜採裁断量が8,500トンで、東洋では最大規模を有する。

ホクレンの前身は1919年に設立された保証責任北海道購買販売組合聯合会で、甜菜製糖に参入したのは1959年の中斜里製糖工場がスタートとなり、1962年に清水製糖工場を設立した。なおホクレンは甜菜事業のほかに、米穀、農産、酪農畜産、資材事業、生活事業などを行っている。資本金は200億6,600万円である。

北海道糖業は1968年、芝浦精糖、台糖、大日本製糖（現 DM 三井製糖ホールディングス）の甜菜部門を分離統合して設立された。2023年時点の主要株主は DM 三井製糖と日本政策投資銀行、未上場で資本金は1億円。北海道の農業振興対策の側面も持っていて、1969年、北海道東北開発公庫の出資を受けている。道内に３か所の精糖工場を有しているが、３社の中では規模が最も小さい。

2015年産の甜菜糖生産実績によると、産糖量は日本甜菜製糖が首位で28万5,437トン、次位はホクレンで22万7,261トン、北海道糖業は16万4,522トンとなっている。歩留率（原料の甜菜から抽出される糖の割合）では、日本甜菜製糖17.33％、ホクレン17.29％、北海道糖業17.02％でほぼ肩を並べている（北海道農政部生産振興局農産振興課［2015］）。

道内にある甜菜製糖工場は、甜菜栽培地に近接する形で立地している。主要生産地である十勝圏には日本甜菜製糖芽室製糖所（芽室町　15万4,000トン）、北海道糖業本別製糖所（本別町　５万3,000トン。2023年３月生産終了）、ホクレン清水製糖工場（清水町　５万3,000トン）の３工場がある。道南圏には北海道糖業道南製糖所（伊達町　４万1,000トン）、道北圏には日本甜菜製糖士別製糖所（士別市　４万4,000トン）、オホーツク圏には日本甜菜製糖美幌製糖所（美幌町　６万1,000トン）、ホクレン中斜里製糖工場（斜里町　14万1,000トン）、北海道糖業北見製糖所（北見町　４万7,000トン）がある（農林水産省［2022］。カッコ内のトン数は、過去10年平均の産糖量）。

道内のこのような精糖工場の分布は、台風や強風、害虫などの自然災害のリスクを分散するという観点で、望ましいものであろう。しかしながらここで指摘しておきたいのは、道内の甜菜の主要生産地で、生産量の約８割を占める十勝圏とオホーツク圏に、精糖工場がそれぞれ３か所ずつ集中している点である。1970年代以降、甜菜精糖企業の３社８工場の寡占体制は変化していない（なお2023年３月、北海道糖業本別製糖所は生産を終了したので現在は７工場体制である）。表２−５によれば、工場数には変化はないものの、合理化も進んでいて、1990年から2001年の間に、工場の従業員は1,360人から761人とほぼ半分に減少した（森川［2002］）。

３社８工場体制が長期間にわたり維持された背景には、各社の経営事情や北海道農業の振興、長年にわたる地域社会との共存関係など、様々な要因が作用していることが推察される。筆者のような一研究者には、接することのできない内部事情も沢山あるであろう。そこで本稿では以下、山本精が回想録としてまとめた『茨の道に変革を―北糖経営回想録―』（山本［1994］）の

表２－５　北海道内製糖工場の変遷

	1990年	1995年	2000年	2001年
工場従業員	1360	1134	822	761
原料事務所	43	37	33	29
受け入れ場	36	30	26	23

出所　森川洋典「ビート糖業を巡る事情（２）」2002年

内容を紹介しつつ、山本が執筆した1994年当時と現在の経営環境を照らし合わせることで、３社８工場体制の合理性について問題提起したい。なお山本は東京大学農学部を卒業後、昭和28年（1953）に芝浦精糖に入社、昭和43年（1968）北海道糖業創立に伴い転籍、道南製糖所長などを歴任した後、平成元年（1989）専務取締役、平成５年（1993）顧問に就任した。

道南工場の課題

山本は、北海道糖業（以下北糖と略）が発足した当時から、不利な競争条件に置かれていたと指摘する。北糖の制度運営の中で極めて不利な点として、１．固定集荷制の下で、その優劣に基づく企業間が格差大きい。企業努力では容易に縮められない、構造的な格差が存在。２．原料輸送距離に基づく割高な集荷経費、原料生産能力不足のため大型工場を持てない。低糖分地域を抱えている。３．糖分取引制度の導入により、支払原料代は高くなり、集荷製造経費の差が企業間の格差としてクローズアップされる。製造コストの約６割を占める原料費の点で、特に道南工場は圃場との距離が長く、石油危機前後の甜菜糖離れによる減反で操業量が低下し、採算が極度に悪化した頃は、同工場の閉鎖の問題も持ち上がり絶望感すらあった、と述べる。

山本が道南工場長に赴任する際、農林水産省の田中宏尚砂糖課長（当時。後に同省事務次官）から「山本さんは道南工場の管財人業務を行うために行く、後任は絶後となるはず」というジョークを、同情半分・激励半分のはなむけの言葉として受け取ったと記している（山本［1994：146］）。このエピソードは、行政サイドでも道南工場経営の難しさを把握していたことの証左であろう。

山本はまず道南工場について、立地上の欠陥があるとする。1959年に日本甜菜製糖から集荷区域の割譲を受け、伊達市に道南製糖所を新設した。集荷区域は道南６支庁[3]にまたがり、気候は全般的に温暖で、都市近郊型、準内地的農業が特色で、競合農作物が多い[4]。

平均経営面積は数ヘクタールにとどまり、単位面積当たり売上高の高い商品作物に傾斜し、輪作方式など棚上げする場合がある。気温が高いため病害虫の被害が出やすく、収穫後の保管貯蔵中の品痛みが大きい。工場で処理される糖分は劣り、歩留まり成績はよくない。ヘクタール当たりの収量も、道内平均を下回る。６支庁の広範な面積に作付けが散在。表２-２で確認すると道南の作付面積は4,948ヘクタールにとどまり、オホーツク圏の２万3,700ヘクタール、十勝圏の２万5,800ヘクタールと比べて、かなり狭小である。

道南工場を取り巻く経営環境はこのように厳しいものではあったが、「ここに工場を建てた以上苦労は宿命といわれても仕方ない。国の指導もあり、自社の前身会社の選択によって始めた工場であるが、地域農業振興という公共的側面がある。後志地方（羊蹄山ろく）を中心に2,000～3,000ヘクタールのビート作付希望がある。荷が重いと云って自分の都合で勝手に手を離せるものではない。地域の協力も得ながら企業努力を尽くして持ちこたえられる限界まで頑張る。行政の支援をお願いしたい」という考え方が基本にあった。しかし「この方向に向かい、こういう対策を講ずればトンネルを脱し道が開けるという経営上の展望」はできたわけではなかったと、率直に回想する（山本［1994：34-35］）。

公開されているデータで現在の道南製糖所の実績を見ると、過去10年間の産糖量の平均は年４万3,000トンで、道内の８つの精糖工場の中で規模は最も小さい（農林水産省［2014］）。また2015年産の操業日数は127日で、日本甜

（3）北海道の行政区分としての支庁制は廃止され、総合振興局という名称が使われる。ここでいう６支庁とはおおよそ、石狩・空知・後志・胆振・日高・渡島・檜山の各地方を指していると推察される。

（4）筆者は2016年12月３日、道南工場のある伊達紋別を訪問した。住民の話によるとこの地域の気候は穏やかで、台風の通過することもめったにないという。ビート畑も見学したが、斜面で耕作している印象を受けた。

表2－6　北海道糖業株式会社　道南製糖所

	甜菜生産量　（トン）	産糖量　（トン）	操業日数（製糖期間）
2008年度	299,859	50,770	138
2009年度	254,496	45,100	113
2010年度	207,145	33,358	95
2011年度	202,935	32,732	99
2012年度	261,793	38,900	115
2013年度	227,011	36,000	105
2014年度	258,644	44,750	125
2015年度	275,890	46,542	127

出所　貿易日日新聞社『糖業年鑑2016年』など各年号、北海道農政部生産振興局農産振興課資料などより筆者作成

菜製糖の士別工場に次いで少ない数字となっている（表2－6参照）。

精糖工場の立地は甜菜生産と密接に結びついているだけではなく、地域社会との歴史的なつながりとともに、雇用や関連産業への波及効果を考えなくてはならない。しかし現状の８工場体制が合理的なものなのか、先に紹介した原料糖の課題も考慮に入れつつ、選択と集中という視点から検証する必要もあるのではなかろうか。

四半世紀も前に山本は「主産地を中核とする工場の再編統廃合を実行しなければならないであろう。現在稼働中の８工場の設備老朽化の時点を探るべきであるが、全体の工場数を減らし、一工場の原料処理能力をヨーロッパの水準等も参考にして、引き上げるべき」（山本［1994：84］）と提言している。北海道の精糖業は、本州で行われているような共同生産や委託生産などの可能性も含めて、より一層の合理化を検討する時期を迎えているのではなかろうか(5)。

第４節　宮古島糖業の課題

我が国のサトウキビの主要生産地は、鹿児島県奄美群島と沖縄本島・離島

（以下サトウキビ生産地と略）が中心である。その中でも島単位でみた場合、宮古（宮古島と伊良部島などの合計。以下宮古と略）が最大の生産地である。宮古は国内最大のサトウキビ栽培地域である。産糖量でみると、2014/15年は3万7,225トンで、沖縄（沖縄本島、久米島、南・北大東島などの合計）の合計2万9,422トンを上回る。なお石垣島の産糖量は9,390トン。鹿児島は沖縄ほどサトウキビ生産量は多くなく、2015/16年で、大島郡（大島本島、喜界島、徳之島、沖永良部島、与論島）が3万9,382トン、熊毛郡（種子島）が2万1,724トンで合計6万1,107トン。

以下国内最大のサトウキビ生産地である宮古の様子を、2016年1月に実施した現地調査(6)の成果も踏まえながら考察する。なお使用しているデータは、現地調査の時点で入手できたものである。宮古は宮古本島（面積159.2平方キロ、人口4万8,197人）、伊良部島（29平方キロ、人口6,755人）、多良間島（19.7平方キロ、人口1,408人）など合計8つの島からなる群島で、1市（宮古島市）と1村より構成。宮古全体の人口は約5万5,000人で、65歳以上の人口が占める割合は、沖縄県の17.3％を上回る23％で、高齢化が進んでいる。サトウキビ栽培には、年間の気温差の大きいことや一定の降水量が必要であるが、宮古はこの条件に良く適合する。

宮古に限らず沖縄、鹿児島は台風の通過ルートで、台風の影響を受けにくいサトウキビは、基幹的な役割を果たしている。宮古には河川がないために水利条件には恵まれていない。さらに土壌はほとんどが島尻マージと呼ばれる琉球石灰石土壌で、土層が浅く保水力が弱い。そこで1977年から世界的にも初めての実験的な試みとして、巨大な地下貯水ダムの建設がスタートし、2000年に完工式が行われ、現在運用されている。これにより農業用水の問題

（5）農林水産省［2022］によると、甜菜農業の経営環境は厳しさを増していて、砂糖消費の減少により在庫量も増加している。このため糖価調整金（砂糖勘定収支）の赤字幅は2026年には774億円に達し、糖価調整制度の維持のためには、甜菜糖の生産量を49万トンに抑制する必要があると試算している。代替作物として、加工用ばれいしょ（ポテトチップ用のジャガイモ）などを提案している。「北海道糖業（株）は3期連続、日本甜菜製糖（株）は砂糖部門で5期連続赤字」で、「経営を取り巻く環境は大変厳しい」（4ページ）としている。

（6）宮古島の現地調査は、2016年1月26～30日に実施した。

はかなり改善された[7]。

宮古の経済構造は次のようである。産業概況：就業者数は２万4,674人で、第一次産業（農業、林業、漁業）は5,424人で全体の24％、第二次産業（工業、建設業、製造業）は3,461人で同15％、第三次産業（電気ガス、熱供給、情報通信、運輸、卸・小売り、金融・保険業、不動産業、学術研究、専門技術サービス、生活関連サービス、飲食店・宿泊業、医療福祉、教育・学習支援業、複合サービス業、サービス業、公務）は１万3,779人で同61％であり、最大の就業部門となっている。要するに就業者の約６割が第三次産業に従事している。さらに第三次産業の中で就業者数の多い職種は、医療・福祉2,807人、卸売・小売業2,736人、飲食店・宿泊業2,009人。医療・福祉と卸売・小売業を合わせると5,543人で、これだけで第一次産業全体の5,424人を上回る。

ここで留意すべき点は、就業者数だけで当該産業の役割を判断してしまうことは危険で、産業間の相互波及効果にも配慮すべき、ということである。サトウキビについては、精糖工場、運送業、電力、副産物のバガスの再利用やアルコールなど、広い範囲に経済的な波及効果がある。

宮古の農家数は4,419戸で、内訳は専業農家2,426戸、兼業農家1,993戸。2010年の農林業センサスによると、農業就業人口のうち80歳以上の高齢者は1,032人で同人口の約16％を占める。宮古の主要作物はサトウキビ、葉タバコ、馬鈴薯、野菜、果樹、花きである（宮古島市企画政策部エコアイランド推進課［2015］）。この中ではサトウキビは最大の農作物で、作付面積は4,859ヘクタールで他の農作物を大きく引き離している。

宮古島市役所の作成した資料（宮古島市企画課政策部エコアイランド推進課［2015］）によると、宮古島市の主要産業は農林水産業と観光業で、国内屈指の生産高を誇るサトウキビが基幹作物として位置づけられ、その次に葉タバコがある。さらに近年はマンゴー、ゴーヤーなどの果樹栽培が盛んである。JA宮古の資料によると、2014年の宮古の農畜産出荷実績は、サトウキビが73億2,230万7,000円、以下肉用牛33億236万8,000円、葉タバコ23億4,398万

（7）宮古島は「エコアイランド宮古島宣言」を掲げ、全島挙げて自然環境と共生しながら、いつまでも住み続けられる豊かな島作りに取り組んでいる。サトウキビの搾りかすでできるバガスを利用した発電もその試みの一つである。

7,000円、施設園芸８億3,313万4,000円。サトウキビは農畜産出荷額合計138億2,249万6,000円の約半分を占める（JA おきなわ宮古地区営農振興センターさとうきび対策室［2016］）。サトウキビ農家の規模をみると、農家数は5,384戸、栽培規模面積は５アール未満のきわめて零細な農家が２戸、統計上最も数の多い農家は、50アール以上100アール未満の2,081戸。150アール以上の栽培面積を有する農家は645戸。

ここで栽培面積100アール（＝１ヘクタール）の中規模の農家の、サトウキビ栽培の年間収入を推計する。10アール当たりの平均収穫量は6,718キロである。サトウキビは甜菜と同じように品質取引が行われ、糖度により引き取り価格が変動する。宮古の場合、平均糖度は14.0度（農林水産省は1,000キログラムについて、糖度13.1度を0.1度下回るごとに、甘味資源作物交付金を100円減額し、14.3度を0.1度超えると100円加算）で、減額も加算もされない。2014年のデータでは、甘味資源交付金は1,000キロにつき１万6,420円である。

栽培面積１ヘクタール農家の平均収量は67.18トン（６万7,180キロ）で、これにトン当たりの甘味資源交付金と取引価格を合わせた金額である２万1,788円を掛け合わせると、名目受け取り額は146万3,718円となる。サトウキビ栽培農家の経費概算については、JA 宮古サトウキビ対策班が作成した詳細なデータがある。宮古の場合、栽培面積は夏植えが最も多い。

夏植えは大体９月頃に植えて、１年半後の１月から３月にかけて収穫する。この間に農家の支出する経費は、以下のようである。まず項目として土づくり（元肥、耕起こす、整地）、植え付け（採苗・調苗、殺菌剤、植え付け、殺虫剤、除草剤散布）、管理作業（補植、中耕、平均培土、追肥、水利費、防除、除草など）、収穫（ハーベスター）がある。上記以外に委託料が加わり、殺虫剤には費用の30％が補助される。以上の必要経費を換算すると、10アール当たり９万1,792円。これを１ヘクタール相当（10倍）して、上述の名目受け取り額から差し引くと（146万3,718円－９万1,792円×10＝54万5,798円）、54万5,798円が農家の手取り収入となる。

JA 宮古の資料では、春植え、株出しについても同様の試算をしていて、いずれも10アール当たり、春植えでは４万1,822円、株出しは５万6,829円。収益性では株出し、夏植え、春植えの順序となる。しかし夏植えは栽培期間が長いことを考慮すると、株出し栽培の収益性が突出している。こうした事情もあり、宮古では近年、農家に株出し栽培を奨励している。株出し栽培面積は安定的に増加し、2008年頃は100ヘクタール台であったのが、2010年以降は急増し、2015年には2,000ヘクタールを超えた。JA 宮古の資料によると、株出し栽培は機械化が進み、株揃え→根切り・排土→施肥→粒剤処理（除草・殺虫）などの一連の作業を、株出管理機や心土破砕機などで、同時に実施することが可能である。これはハーフソイラー作業と呼ばれる。多くのサトウキビ栽培農家は高齢化が進み労働力不足に直面しているが、単収がほぼ春植えの水準に近づき、機械化の進む株出し栽培に傾斜している。

農家へのアンケート結果でも、今後とも株出し栽培を継続したい（76%）の回答があり、その理由として、労働力の削減（37%）、土地利用効率の向上（33%）、単収が維持できる（28%）。他方株出しをやめる農家も24%を占めていて、その理由として、夏植えが安定する（37%）、低単収（32%）、病害虫・雑草防除が大変（16%）、台風に弱い（11%）などである（宮古農林水産振興センター農業改良普及課［2015］）。

株出しの問題点として指摘できるのは、機械化は進んでいるものの、零細農家にはかえって費用の点で負担になること。適度なかん水が必要で、設備と手間がかかる。宮古では株出し栽培用の心土破砕機を50台導入し、収穫後の土壌物理性の回復、畦管理の作業、透水性の改善・作物生育・土壌流出の防止に効果を上げている。

宮古におけるハーベスターの利用状況は、収穫面積では全体の52.3%、収穫処理量は58.9%。面積でみた場合の機械化率は約半分弱にとどまっていて、依然として手刈（人力）による作業の比重が大きいことを示している。ハーベスターの稼働台数は、大型３台、中型28台、小型54台の合計85台である。

宮古には沖縄製糖と宮古製糖の２社の製糖工場がある。処理能力は一日当たり、それぞれ1,900トン、1,800トンとなっている。伊良部には宮古製糖が同490トンの工場を稼働している。多良間島には宮古製糖が同250トンの工場を持つがこれは含蜜糖の製造に特化している。宮古島と伊良部島を結ぶ、全長3,540メートルの伊良部大橋も完成した。将来はこれまで分かれて操業していた製糖工場の機能の集約化も、可能な選択肢となったのではないか。

以上、我が国最大のサトウキビ生産地である宮古の概要を紹介した。土地の集約化がなかなか進まず、平均栽培面積も１ヘクタール未満で、年間収入はおよそ50万円くらいであろうか。近年より利益の見込める株出し栽培に比重が高まりつつあり、並行して株出管理機など農業用機械の導入も進んでいる。おそらく宮古に限らず、サトウキビ生産地のこれからの共通した課題として、農地の集約と規模拡大、担い手の育成、機械化の推進が求められている。

この三つの課題はどれも重要ではあるが、農地の集約と規模拡大、担い手育成については農林水産省、県、地方自治体などの行政サイド、JA、栽培農家自身がこれまでかなり熱心に取り組んできたテーマである。このための取り組みについては、膨大な量のデータが蓄積されている。この点を考慮し、以下農業機械の実情に的を絞って検討することにしたい。

第５節　農業機械の課題

国内にはサトウキビの収穫に利用するハーベスター製造企業として、鹿児島県に本社のある松元機工、文明農機の２社と奈良県に本社を置く魚谷鉄工の合計３社がある。この中でも魚谷鉄工はかなり早い段階からハーベスター事業に取り組み（附表参照）、近年では株出管理機の生産に積極的に取り組んでいる。以下同社の事例を紹介する。

同社はもともとは油圧機のメーカーとしてスタートしたが、先代の創業者の時代に、それまで豪州製の大型ハーベスターを使用していた南大東島、石垣島の関係者から、もう少し使い勝手の良いハーベスターの要望が寄せられたことが、この事業に参入する発端となった。国産ハーベスターに取り組んだ当初は、基になる設計図もないまま、ほとんど手探り状態で試作機を作り、出てきた問題点を手直ししながらの試行錯誤の繰り返しであった。社長以下若手の社員が南大東島の民宿やコンテナを利用した宿舎に数か月間泊まりこんでの合宿作業だった。

同事業にスタート時点から参加した三浦進によると(8)、サトウキビの栽培耕地面積の拡大は限界に達している。現状では休耕地も増加し、農家にはサ

宮古島　ハーベスターによるサトウキビの収穫

（筆者撮影）

トウキビ生産離れも目に付く。今後は生産者の生産意欲と所得のアップを図ることが肝要である。会社としては、耕耘、管理機、収穫作業すべてトータルしたうえでの時間の短縮と増産に寄与するような、機械の開発を進めたい。開発上の一番の問題はエンジンで、排ガス規制のため、搭載エンジンの設計変更が必要とされている。排ガス規制は環境には優しいが、農業機械は大自然の中で使用するので、二酸化炭素排出を吸収する還元的要素があるのではないか。今後の方針は、株出し栽培の増産と時間短縮に必要な管理作業機械の開発に重点を置く。また開発費は企業が負担しているが、政府からの助成金が出ること望ましい、とのことであった。

農林水産省の助成事業である「農畜産業機械等リース支援事業（地域作物支援型のうちさとうきび農業機械等リース支援事業）公募要領」の概要は次のようである（農林水産省［2016b］）。

まず事業内容は、サトウキビ産地において、生産性向上を通じた生産構造の安定化を図るために必要となる農業機械等の賃貸を行う事業者とリース契

（8）三浦とのインタビューは2016年９月16日、奈良県五條市にある魚谷鉄工本社・工場で行った。

約により、次に定める農業機械等の導入に必要な経費を助成。1　農業機械（1）ハーベスター（2）株出し管理作業機　（3）苗植付機など合計13種類。そのほかに、機材として設置型農業用タンクなど合計3種類。さらに地方農政局長、沖縄総合事務局長が特に認めたものが助成対象となっている。

応募条件は農業協同組合、公社、土地改良区、農事組合法人、農事組合法人以外の農業生産法人、特定農業団体、民間企業などである。助成の対象となる経費は、農業機械等の実勢価格のほか、リース事業者とのリース契約にかかる諸費用のうち、保険料、固定資産税（償却資産）、金利、この他特に必要と認められたものとされる。リース契約は原則一般競争入札で行われる。助成金の金額は、リース物件価格の60％以内で、生産局長が設置する選定審査委員会が採択優先順位を定めて、妥当な者を選定することになる。

さてここで留意したいのは、公募要領に記載されてある採択要件についてである。まず前段では　1　成果目標　として、以下の目標から一つ以上を設定することとされ、（1）10a 当たりの労働時間を10％以上削減、（2）10a 当たりの収量を5％以上増加、（3）株出し栽培面積の割合を5％以上増加、となっている。

業界関係者の説明によると、上記採択要件のうち（1）10a 当たりの労働時間を10％以上削減とは、サトウキビ栽培作業は、耕地整備・植え付け・肥培管理・収穫の流れであり、時間短縮は、手刈り収穫をハーベスターに代替するなど、各作業を機械化することで達成できるもので、より性能の良いハーベスターの機種を選択することや、肥培管理機の導入で、人力で施肥していたのを、トラクタアタッチメント作業機で行う、などが対象となるのではないか。しかし管理作業に時間を多くかけると、反対に作業時間が増加することもある。次に（2）10a 当たりの収量を5％以上増加、の意味は、例えば10a 当たりの収量を6,000キロとすると、目標は6,300キロ。気象条件を同一と置くと、新植の場合は地域に適した、生育のよい苗を植え、株出しの場合は、株出し管理機の使用、防除、散水・点滴により、肥培管理を行うことがこれに適合。最後の、（3）株出し栽培面積の割合を5％以上増加は、株出しは夏植えも春植えも収穫した後の面積は同一であり、春植えの場合は植え付け年の収穫がそのまま利用でき、株出しする。夏植えは翌年の収穫であり、春植えを推進しているのではないか。

改めて指摘するまでもなく、サトウキビ栽培の将来をみていくうえで、機械化による省力化と時間短縮は重要な要素で、国による農業機械への助成事業は不可欠である。サトウキビに関連する農業機械の市場は限られているうえに、場合によっては島ごとの栽培環境に合わせた、文字通りのオーダーメード生産である。採算を重視せねばならない民間企業の経営上の観点からすれば、市場原理だけでは判断できない要素も多い。とはいえ、公募要領の採択要件の一部はいささか抽象的ではなかろうか。農業機械の燃料効率などの要素が採択要件に入ってもよいのではないだろうか。

結びに代えて

本稿では施行後20年余りを経た糖価調整法にかかわる入札制度、二次調整金の現状について考察し、その後甜菜と原料糖の直面する課題を検討した。さらに我が国最大のサトウキビ産地である宮古での生産実態と、農業機械の開発と導入の様子について検証した。

甜菜やサトウキビなどのいわゆる天然由来の砂糖は、国民の重要なカロリー源である。食の安心と安全が叫ばれている昨今、国内で生産されるこれらの糖は、必要不可欠であるとともに、農家や精糖企業、これに関連する輸送業、倉庫業など多くの人々に重要な雇用を提供している。

にもかかわらず、砂糖についての一般消費者の関心はあまり高くない。それどころか砂糖は肥満や糖尿病など疾患の原因という、ネガティブな見方も根強い。甜菜は北海道の輪作体系で重要な役割を担い、サトウキビは沖縄、鹿児島における最重要農産品である。精糖業は離島の基幹産業に位置づけられている。国土保全上の観点からも、離島における人口減を食い止めねばならないが、砂糖産業はそのための産業基盤としての役割も果たしている。現時点でサトウキビに代替する作物がない以上、これを保護・育成していく必要があるのではなかろうか。

こうした点を十分に認識したうえで、砂糖と精糖業を取り巻く課題について、かなり率直な意見を述べてきた。筆者の事実誤認や思い違いなどもあろうかと思う。例えば現状の入札制度の形骸化について指摘したが、ある一つのルールを長期間適用すれば、砂糖に限らず、慣習化してしまうのは必然的なことかもしれない。

糖価調整法が施行されて20年余りが過ぎたが、幸いなことに行政、業界関係者の中には、現行法の抱える問題点を認識し、時代の要請に応える形で、これを手直し、修正すべきだという意見も聞かれるようになった。本稿がそうした議論をする際の、何らかの参考になれば、所期の目的を達成したといえよう。

附表　魚谷鉄工株式会社概要

1922年　（大正11年）創業。1959年設立。資本金2,800万円。
1975年　豪州製の大型収穫機が稼働していた南大東島、石垣島に、現地調査。同年試作機第一号完成。
1976年　石垣島で試作機を実験。うまく稼働しないため、奈良に持ち帰り、改良。
　　試作機第二号、520トンの刈り取りに成功。
1977年　石垣島にて、試作第3号、代用4号の収穫実験。78年には1,497トンの収穫実績。
1980年　政府と県の補助事業により南北大東島に、魚谷ケーンハーベスター導入。南大東島出張所を開設。
1983年　南大東島、株出し管理作業で中耕可能な2連ロータリ機を、農家の希望により制作。
1986年　国内初めてのグリーン収穫機「UT-250型」試作機の開発に成功。南大東島に単独納入。
1992年　小規模圃場で使う、国内初の中型グリーンワンマン収穫機「UT-170A 型」、1日最高70トンの収穫実績。石垣島製糖と共同開発。八重山に試験導入、その後宮古に導入。
1996年　さらに小型の収穫機「UT-120K 型」。100馬力エンジン。
2000年　キビの切断長を22cm から50cm に調節でき、キビ苗収穫をハーベスターで行えるミニ収穫機「UT-70K 型」を沖縄本島、久米島に補助金により導入。
2001年　梢頭部収穫機「TH-100型」機開発。南大東島に導入。小型収穫機「UT-100K」開発。
2002年　中型キビ苗専用収穫機導入。梢頭部カッタが装備され、細かく切断。小型トラクタに装備し、サブソイラ付きの中耕ロータリ「UR-45型」開発。鹿児島県糖業振興会より、梢頭部回収機械の開発依頼。
2003年　梢頭部回収機「TH-60W」、2年連続で改良実証試験。
2005年　株出しの真ん中を薄い円盤で18cm の深さに切り、その中に肥料を散布する、管理機センタスプリッターの開発。

2007年　小型トラクタでけん引できる、サトウキビ管理機「USS-3型」。最初の海外進出ケースとして、タイでの中型収穫機改良テスト。
2009年　中型ワンマンケーンハーベスター「UT-200-K」販売。
2009年　梢頭部収穫機「TH-100」と自動植え付け機ビレットプランタを南大東島に導入。
2010年　南大東島のサトウキビ圃場は、畝の長さが長く途中で荷袋を交換しなければならないので、回収専用車を備えた中型ハーベスター「UT-200-K」を大東島に補助事業で導入。
2010年　ブラジル北東部にて、小型ハーベスター「UT-120K」試験導入。翌11年 収穫実験。
2011年　キャビン付き新型エンジン搭載の小型ハーベスター「UT-100K Ⅲ」開発。
2012年　作業効率が良く圃場にダメージを与えない、フルクローラタイプを採用した、中型ハーベスター「UT-200-K（コンベア式）」と荷袋搬出機「AK-３」を南大東島に補助事業で導入。新型エンジン搭載の小型ハーベスターの新機種「UT-140K」開発。
サトウキビの収穫後、株揃えと施肥・農薬散布・センター割作業を一括して行う作業機である、サトウキビ管理機の開発スタート。
2013年　株出し促進のため、株揃えと除草剤散布を一度に行う作業機、サトウキビ管理機「USS-3B」開発スタート。改良機「USS-3A」改良型発表。
2014年　従来の中耕ロータリーの改良型で、施肥機の付いた、サトウキビ管理機「UR-45WA 型」発表。

出所　魚谷鉄工株式会社『さとうきび関連機械の歩み』より筆者作成

参考文献

単行本・報告書など

池谷聡［2016］「てん菜品種の直播栽培適性について（2016）」『てん菜関係調査報告』独立行政法人農畜産業振興機構（https://www.alic.go.jp/joho-s/joho07_001370.html）。
沖縄県総務部宮古事務所［2015］『宮古概観』。
沖縄県農林水産部［2015］『平成26／27年期　さとうきび及び甘しゃ糖生産実績』。
沖縄県宮古農林水産振興センター［2015］『宮古の農林水産業』。
叶芳和［2004］「北海道ビート農業新時代」独立行政法人農畜産業振興機構（https://sugar.alic.go.jp/japan/view/jv_0404b.htm）。
斎藤高宏［1997a］「沖縄のさとうきび生産と糖業に関する「覚書」」（上）、『農総研季報』（34）、15-40ページ。
斎藤高宏［1997b］「沖縄のさとうきび生産と糖業に関する「覚書」」（下）、『農総研季報』（35）、25-61ページ。
斎藤高宏［1998a］「鹿児島南西諸島のさとうきび生産と糖業に関する「覚書」」

（上）、『農総研季報』（38）、67-100ページ。
斎藤高宏［1998b］「鹿児島南西諸島のさとうきび生産と糖業に関する「覚書」」（下）、『農総研季報』（39）、51-84ページ。
斎藤高宏［1999］「北海道の甜菜生産と糖業に関する「覚書」」（上）、『農総研季報』（44）、1-43ページ。
斎藤高宏［2000］「北海道の甜菜生産と糖業に関する「覚書」」（下）、『農総研季報』（46）、23-62ページ。
澤田学［2007］「畑作物価格政策の展開と品目横断的経営安定対策：欧米との比較」『北海道農業経済研究』13（2）、3-19ページ。
JA おきなわ宮古地区営農振興センターさとうきび対策室［2016］『宮古地域の概要　宮古地域のさとうきび視察資料』。
社団法人糖業協会編［2002］『現代日本糖業史』丸善プラネット。
田中高［2016］「日本製糖業の現状と課題について―縮小する市場と経営環境―」『産業経済研究所紀要』第26号、37-60ページ。
中嶋康博［2015］「食料・農業・農村基本計画における甘味資源作物の生産振興目標―てん菜とさとうきびを対象に―」独立行政法人農畜産業振興機構（https://www.alic.go.jp/joho-s/joho07_001220.html）。
農林水産省［2014］「砂糖及びでん粉をめぐる現状と課題について（資料3）」（http://www.maff.go.jp/j/council/seisaku/kanmi/h26_1/pdf/5_data3.pdf）。
農林水産省［2015］「平成27砂糖年度における砂糖及び異性化糖の需給見通し（第1回）」（http://www.maff.go.jp/j/seisan/tokusan/kansho/pdf/27sy-1.pdf）。
農林水産省［2016a］「平成28砂糖年度における砂糖及び異性化糖の需給見通し（第2回）」（http://www.maff.go.jp/j/seisan/tokusan/kansho/attach/pdf/satou-2.pdf）。
農林水産省［2016b］「平成28年度　農畜産業機械等支援事業（地域作物支援型のうちさとうきび農業機械等リース支援事業）公募要領」（https://www.maff.go.jp/j/supply/hozyo/seisaku_tokatu/pdf/1_koubo_160304_rev.pdf）。
農林水産省［2022］「てん菜をめぐる状況について（資料1）」（https://www.maff.go.jp/j/council/seisaku/kanmi/attach/pdf/221220-3.pdf）。
農林水産省大臣官房統計部［2013］調査／作物統計「平成27年産　てんさいの作付面積及び収穫量」（http://www.maff.go.jp/j/tokei/sokuhou/syukaku_tensai_15/）。
農林水産省大臣官房統計部［2015a］「農業経営統計調査／平成27年産てんさい生

産費」(http://www.maff.go.jp/j/tokei/kouhyou/noukei/seisanhi_nousan/attach/pdf/index-7.pdf)。
農林水産省大臣官房統計部［2015b］「農業経営統計調査／平成27年個別経営の営農類型　別経営統計―畑作経営」(http://www.maff.go.jp/j/tokei/kouhyou/noukei/einou_kobetu/)。
北海道十勝総合振興局［2015］『2015年　十勝の農業　資料編』。
北海道農政部生産振興局農産振興課［2015］「平成27年度てん菜生産実績」。
宮古島市企画政策部エコアイランド推進課［2013］『宮古島市全島エネルギーマネジメントシステム（EMS）実証事業』。
宮古島市企画政策部エコアイランド推進課［2015］『宮古島　次世代エネルギーパーク　島、丸ごと「次世代エネルギーパーク」』。
宮古農林水産振興センター農業改良普及課［2015］『平成26年度　普及指導活動実績書　普及の歩み』。
森川洋典［2002］「ビート糖業を巡る事情（1）、（2）」独立行政法人農畜産業振興機構（https://sugar.alic.go.jp/japan/view/jv_0211b.htm、https://sugar.alic.go.jp/japan/view/jv_0212a.htm）。
山本精［1994］『茨の道に変革を―北糖経営回想録―』創造書房。

定期刊行物など
『砂糖統計年鑑』各年版　精糖工業会。
『食品新聞』2013年1月7日付「特別自主コメント」。
『糖業年鑑』各年版　貿易日日通信社。
『日本経済新聞』2000年9月13日付朝刊「改正糖価安定法　製糖原料調達に市場原理」。
『宮古毎日新聞』1993年1月17日付「中型ハーベスターの導入へ　18日から収穫のモデル実演　キビ収穫の機械化進展に弾み」。
『八重山日報』1992年2月23日付「1日30トンの収穫OK　ハーベスター実演会」。
『八重山毎日新聞』1992年2月23日付「伴走車なしで収穫OK　中型のハーベスター開発」。
『琉球新報』1992年2月23日付「一人で操作可能　新型ハーベスター実演会　石垣島製糖、来年から導入」。

本稿作成に際して、下記の皆さまのお世話になりました。記して謝意を表しま

す。（順不同　敬称略）

富村盛男　盛吉秀也　吉永博之　上江洲智一　葉山彰　伊藤成人　佐藤浩雄　大橋聡　金子宜正　中村毅　大橋聡　高杉卓也　上原規三夫　前田昌宏　安藤享　池間早苗　比屋根真一　宮城克浩　平良正彦　寺村皓平　新崎千江美　安里修　安里和政　三浦進　米坂圭司　福井敏夫　富浜靖雄　洌鎌英樹　砂川玄悠　安村勇　渡久山和男　砂川富雄　小林輝彦　平良幹雄　田口和憲　内田豊　柴田光章　大塚暁　大竹啓一　高田敬造　小笠原昭男　中山修　佐藤和彦　佐藤正一　秋岡廣一　加藤裕己　久保田紀生　佐藤豊吉　渡邊英樹　大谷功　大和田努

第3章

日本・キューバ貿易と米国の対日政策

——1960年代キューバ糖をめぐる3か国の外交姿勢とナショナリズム——*

はじめに

ライシャワー（Edwin O. Reischauer）駐日大使は1964年2月12日付の国務本省宛の公電で、次のように述べている。大平正芳外相と長時間親密に話す機会を利用して、キューバ問題をめぐるワシントンの態度が非常に硬化していると伝えた。日本とキューバ貿易の、外相の考えに影響を与えるには、これが最善の策であると考えた。外相はカストロ（Fidel Castro Ruz）体制はぐらついているのかと反問したので、決定的ではないが弱体化していて、経済情勢の悪化が政治的な退場を招くだろう。米政府が孤立化政策を強く推進する理由はそこにある、と返答した（DOS［1964a］）。

本章は日本とキューバ貿易をめぐる、米政府の対日圧力政策とその帰結について、1961年の通商協定締結から60年代中頃の動きを中心に論じる。1960年代から70年代にかけて日本は、自由主義圏でキューバ糖の最大の輸入国であった。日本が、米国と厳しい対立関係に置かれた社会主義国キューバとの貿易を、執拗な圧力にもかかわらず継続した背景にはどのような要因が存在したのであろうか。

このテーマを考察するには、戦後日本外交の基軸となった、対米協調路線と経済中心主義という二つの柱を土台に分析する必要のあることは言うまでもない。しかしこの柱のどちらに日本外交の軸足を置くのか、という判断を日本政府が時として迫られたこともまた事実である。二つの柱は常に両立す

＊　本稿の初出は「日本・キューバ貿易と米国の対日政策：一九六〇年代、キューバ糖貿易をめぐる三ヵ国の外交姿勢とナショナリズム」『国際政治』2012年第170号、61-75ページである。

るものではなく、時としてそのいずれを優先するのかという政策上の課題を突き付けた。特に本章で紹介する、米国の隣に誕生した社会主義国キューバと日本の貿易について、そのことが言えよう。キューバとの貿易は日米繊維紛争などのように、米国がその利害対立の主役ではなかったので、それだけ日本のナショナルインタレストの判断には、より説得力を持たなければならなかった。

1962年のキューバ危機に象徴されるように、米国にとりキューバ革命政府は国家安全保障上の大いなる脅威であった。その意味で、キューバと貿易を続ける同盟国日本の利敵通商政策に、あらゆる形で介入しようとした。しかしそれは、何の法的根拠のあるものではなかった。米国のジレンマはそこにあった。対キューバ貿易を日米首脳会議の議題にするとほのめかしたり、ラテンアメリカ諸国に対日貿易を抑制するように要請した。しかし、米国のいら立ちをよそに、日本は対キューバ貿易を継続し、拡大さえしたのである。その根底にあったのは、通商国家、経済中心主義という、現実主義的な、右でも左でもない、精神的な価値を与えないけれども、一つのナショナリズムのありようがあったのではなかろうか、というのが本章の中心的な関心テーマである。

外務省は米国の介入圧力に対して、日本キューバ通商協定を根拠に抵抗した。キューバ糖が日本の砂糖消費に不可欠であり、キューバも対日輸入に積極的な姿勢を示したことで、日本の産業界は対キューバ貿易に前向きであった。政策決定プロセスにおいて、対米配慮よりも通商拡大政策が優先された。その背景には、同じ自由主義圏である英国、スペインがキューバとの貿易に熱心だったこと。キューバが安くて安定した砂糖の供給源であり、カストロ首相が日本との貿易に強い熱意を見せ、年間100万トンの砂糖の輸出と輸出代金の80％を日本からの輸入に充てるという、日本にとり破格の好条件を提示したことなどがある。

以上の点を踏まえて、本章では対キューバ貿易の抑制を働きかけた米国の対日要求の中身と、日本政府の対応ぶりを、主として外交文書を基に論証する。そのために、まず1961年７月に発効した日本キューバ通商協定の成立をめぐる両国の駆け引きを紹介する。戦後日本経済外交は、ガット（関税及び貿易に関する一般協定）35条の対日適用の撤廃を悲願とした。日本製品とキューバ糖を、事実上バーター取引するという密約のもと、この条約はようやく日の目を見たのであった。このことは60年代の両国貿易に影響した。次に革命政権を敵対視する歴代米政府の対日圧力の中身を、国務省と在京米大使館を往来した公電を中心に紹介する。これに応じる日本側の資料は、情報公開法による開示文書も含めて、外交史料館の資料に依拠した。キューバの資料は、同国の公文書館の外務省記録を基にしている。

なお本稿でナショナリズムという語を使用する際の語義をここであらかじめ説明しておきたい。本稿ではとりあえず、「国家ナショナリズムが否定され、敗戦・占領・戦後改革が日本のナショナリズムの深い傷となったが、戦後改革こそが、経済中心主義という平和的なナショナリズムを生んだ」ことを、その中心的な含意としたい（五百旗頭［1989：32］、高坂［1968］、竹中［2009：37］）。吉田茂、池田勇人、佐藤栄作に代表される、戦後の保守本流政治家の基本的な理念は、米国との同盟関係を維持しつつ、いかにして日本の経済復興を優先させるかということであった。そして国内外の政治経済、国家安全保障の状況を判断しつつ、ナショナリズムに精神的な価値を与えないことを優先した、と理解されている。この点を踏まえ、本稿ではナショナリズムを主として経済次元でとらえることとし、通商によるナショナルインタレストを追求する行動、くらいのコンテクストで使用したい。

さらに反米、反帝国主義という愛国的なナショナリズムを前面に掲げるキューバが、極めて冷静な判断に基づく通商政策を追求していたことも、あらかじめ指摘しておきたい。先述のようにカストロは1960年代に米国の孤立化政策が強化される中、自由主義諸国との通商に積極的に取り組もうとした。ケネディ（John F. Kennedy）大統領が暗殺された直後の1963年11月の演説で、日本、英国、スペイン、フランスに砂糖を輸出し、その代金で米国から輸入したいとさえ述べている（Discurso pronunciado por el Comandante Fidel Castro Ruz, el 27 de noviembre de 1963）。カストロの政治家としての特徴は、崇高で精神的、熱情的なナショナリズムと、冷静で現実的なリアリストの資質が同居していることであろう。日本との通商問題では、間違いなくその後者が発揮された。

第1節　日本キューバ通商協定成立の経緯

日本とキューバの間には、1935年以降、日本の繊維製品に対する差別的な高率関税が存在した。1959年1月の革命政権の発足以前から、日本はキューバとの暫定的な取極（Modus Vivendi）により、最恵国待遇を受けていた（田中［2011］、田中［2012］）。しかし通商協定を結び、キューバが日本に援用していたガット35条（協定不適用を定める例外規定）を撤回させることが日本側の強い要望であった（池田［1996：102］）。

両国間の通商交渉が本格的にスタートするのは、キューバ革命の英雄、チェ・ゲバラ（E. Che Guevara）の訪日である。1959年7月、ゲバラは6名からなる親善使節団の団長として、エジプト、インド、ビルマののち日本を訪問した。工場見学や広島訪問もあったが、主たる目的はキューバ糖の売り込みと通商交渉の再開と促進であった。

キューバは歴史的に日本の砂糖の主要輸入先の一つであった。日本の砂糖総輸入量に占めるキューバ糖の割合は1947年は74％に上った。キューバ糖輸入量は年によりかなり変化が激しいが、50年代はおおよそ40％台、60年代は20％台、70年代初めは40％台に達した。日本はキューバ糖輸出の、59年の革命前からの大口の得意先であった。そしてキューバは最大の砂糖輸出先である、米国市場を失う瀬戸際に立っていた。61年1月には両国の外交関係は断絶し、62年2月には、米国は対キューバ輸入を全面禁止した。

ゲバラは革命政権が最初に日本に派遣した特使で、計3回通商問題について政府関係者と話し合った（外務省［1959b］、三好［1974］）。まず59年7月17日、外務省の牛場信彦経済局長がゲバラと約1時間会談した。牛場は日本との差別的な関税待遇に不満を表明し、ゲバラは日本への差別的関税措置を撤廃し、平等な待遇を与えるべく検討中であると述べた。この発言が事実上のキューバ政府の関税交渉再開のシグナルとなった（外務省［1959a］）。

7月21日には外務省経済局課長、大蔵省、通産省、農林省の実務レベルの関係者とゲバラ団長、アルスガライ（M. Alzugaray y R. I.）駐日キューバ大使などが会談した。キューバの基本方針は日本の砂糖輸入量の保証で、それを決めてくれれば、繊維製品を除く日本の工業製品を喜んで買う用意があり、いつでも通商交渉に入ると発言した。一行がインドネシアに出発する当日の7月27日、ゲバラの強い希望で再度牛場と会談したが、ゲバラは日本が30万トン買ってくれれば、そのうち15万トンを円貨で受け取ると発言した（外務省［1959b］）。

ゲバラの一連の発言の背景には、59年3月末に赴任したばかりのアルスガライ大使を中心にした、大使館スタッフの熱心な市場調査の成果があった。日本におけるキューバ糖の売り込みに関して、大使館サイドは次のようにハバナ本省に報告している。日本には砂糖の輸入余力があり、カストロ最高司令官が発言したように、キューバの必要とする資本を、砂糖輸出で獲得することができる。日本の砂糖消費量が増加し、精糖をアジア諸国に輸出することも可能である。アルスガライが在京米マッカーサー（Douglas MacArthur II）大使を訪問したさいにこの考えを伝えたところ、協力的な反応であったという。大使は藤山愛一郎外相[1]も訪ね、日本の砂糖輸入事情について詳細な情報も得ている。藤山外相は、台湾から毎年40万トンの砂糖を輸入し、価格はキューバ糖よりも格段に高く、製糖業者はキューバ糖に関心を示していると述べたが、大使は「極力低価格に抑え込む心算」のようだとの心証をハバナに伝えている（ANC［1959a］）。

またゲバラの来日を本省に報告した公電では、次のように述べている。通商協定締結交渉開始のための、双方の基本姿勢は以下の諸点である。まず日本は年間のキューバ糖最低輸入量を保証し、キューバ向け繊維製品輸出量を規制する。他方キューバはガット35条の対日適用をやめる。またゲバラは連日カストロ首相と弟のラウル（Raúl Castro Ruz）と電話で話し合い、革命政府首脳と常時連絡を取り合って交渉に臨んでいたと述べ、ゲバラが指導部の了承のもとに動いていたことを示唆している（ANC［1959b］）。さらに東京からはハバナの本省に、ゲバラが提案した30万トンのキューバ糖輸出につき、日本が受け入れたことを首相に伝えられたい、といったフォローアップ

（1）藤山愛一郎は父雷太の築いた大日本製糖の社長を歴任していた。また日本精糖工業会の会長として、業界の動向にも詳しかった。

の情報が至急電で次々に送付された。また他の砂糖輸出国と共同で、日本の砂糖消費増大に向けたキャンペーンを実施することも企画された（ANC［1959c］)。加えて三菱商事にキューバ向け日本製品の市場調査を依頼した。同調査では有望な輸出品として、製糖工場向けの機械、缶詰・冷蔵庫の工場、紡績機械、貨物船、漁船、モーター、トラック、小型バスなどを挙げている。そして60年、70年代になると、それが現実となるのである（ANC［1959d］)。

最終的な通商交渉は1960年4月から2週間、ボニーヤ（Raúl Cepero Bonilla）経済大臣が主席を務めるキューバ側の代表団の来日で合意に達した。キューバ側は最後まで、キューバ糖の数量明記の輸入保証を迫った。日本は自由市場経済のもと、政府が密約として数値目標を示すことはできないと、かたくなに拒んだ。日本政府は、国民向けには、キューバ糖に競争力がある限り、日本のキューバ糖輸入は、従来の水準に維持されるであろう、と公式発表した（外務省［1960b］)。

「競争力」という言葉に、日本側の理解では国際価格を上回らないという意図を込めた。両国間では別途議事録（サイドレター）が作成され、日本は砂糖輸入においてキューバ糖が占める相対的立場を阻害するような措置を取らないこととして、キューバ糖の対日輸入量は最小限45万トンに見積もられると明確に数量保証している。また、キューバが1,800万ドルを日本からの輸入に充てることも約束し、藤山外務大臣とボニーヤ経済大臣の間で署名された（外務省［1960a］)。一方妥結直前のキューバ外務省の内部文書は、対日輸出量を35万から70万トンが保証されたとしていて、両国間に数量保証にずれがある（ANC［1960］)。上の議事録は非公表（極秘扱い）とされ、両国の関係者にのみ共有されたのである。この密約こそが後年、以下述べるように、米国の対キューバ経済制裁と対日要求に重要な役割を果たすことになる。

第2節　米国の対日圧力

革命政権は、従来の最大の輸出市場である米国を失う危機に直面する中で、日本への砂糖輸出と日本からの工業製品に強い関心をみせた。62年10月にはキューバ核ミサイル危機を迎え、米国・キューバの外交関係は劇的な展開をみせる。日本は55年の保守合同体制のもと、米国との同盟関係を堅持しながら、60年には池田政権が発足、経済中心主義へと軸足を傾けつつある時期であった。

こうした中で、米国は日本にキューバ貿易の抑制を強く迫るが、そのあらましを国務省の公電を中心に、時系列で振り返ってみよう。まず紹介するのは、ケネディ大統領の発言である。新任のフィリピン大使アベーヨ（Emilio Abello）が、1962年２月20日に信任状を大統領に奉呈した際に、フィリピン産原糖30万トンを、日本のキューバ糖輸入を排除するために、日本向けに輸出転換できないか打診しているのである。そして米国がフィリピンにオファーしていた優遇価格との差額を補てんする用意があるとも述べている（DOS［1962］）。公式の外交儀礼の場での、大統領の発言としては異例のことではなかろうか。米国の国家安全保障を揺るがす敵性国キューバと、利敵行為とも受け取れる通商政策を続ける同盟国日本のキューバ貿易は、優先順位の高い懸案事項であったのであろう。フィリピン政府もハイレベルで対応し、マカパガル（Diosdado Macapagal）大統領は検討するとの書簡をホワイトハウスに送付し、その直後ハリマン（Averell Harriman）国務次官がマニラを訪問し協議したが、日本はすでに1963年のキューバ産糖の輸入契約を済ませていたため、結局キューバ糖をフィリピン産糖に代替する案は実現しなかった。

日本キューバ貿易が、米国首脳の大きな懸案事項であることを裏付ける発言には、以下もある。1964年２月12日、ワシントンを訪問した英国のダグラス－ヒューム（Alec Douglas-Home）首相一行との首脳会談で、同席したラスク（David Dean Rusk）国務長官は冒頭「日本がキューバ糖を30万トン輸入している」ことに強い懸念を表明した（DOS［1964b］）。

国務省きっての知日派で、ライシャワー大使の右腕であったエマーソン（John K. Emmerson）公使もキューバを含む日本の対共産圏貿易について詳細な報告をしている。例えば次のようである。同公使によれば、日本政府は、米政府のキューバの現状への深刻な懸念を十分に認識していて、1963年には日本の対キューバ輸出額は大幅に減少し、戦略物資の輸出の抑制については、米政府の意向を十分に尊重しているが、64年の砂糖輸入は増加する見込みである。キューバ以外の自由世界の産糖国の価格が、キューバ糖の水準にまで下がらなければ、日本はこれを買い続け、キューバが得た外貨を、日本からの輸出に向ける。米国はキューバ糖の長期契約を極力阻止するが、キューバ糖に価格競争力のある限り、大幅に削減させることはできない。対キューバ輸出は、戦略物資を除いて、ヨーロッパの同盟諸国が米国の抗議に耳を傾けない限り、阻止することは難しい（DOS［1964c］）。

この時期にラスク国務長官はより踏み込んだ形で、キューバ貿易の抑制を各国駐在の米国大使に次のように訓令している。すなわち、自由世界の対キューバ輸出額が、64年には前年比80％増の2億3,000万ドルに達する見込みで、米国のキューバ孤立化政策と相反する動きである。米政府は政府調達の契約を結ぶ民間・政府系企業は、キューバとの取引がないことを証明するよう同盟国に要請する。米州機構（OAS）メンバーの9か国も米国と同様の行動をとることになっている。これらの自由世界の国々の民間企業からの政府調達額は年間計1億7,000万ドルにのぼるが、その多くは西ヨーロッパ、日本、カナダの有力企業である。公電の最後に、「この措置が施行された場合の、予想される駐在国政府、企業、一般大衆の反応の見通し、対キューバ輸出への効果について8月11日までに報告すること」としている（DOS［1964d］）。

回答期限の8月11日付ライシャワー大使発本省宛公電は次のように述べる。日本の政府関係者を除いて、キューバの危険性は認識されておらず、この措置への日本の世論の支持はほとんど期待できず、キューバ貿易と米政府調達や融資とを関連付けることは、対米嫌悪感を醸成する。日本はキューバ糖が必要で、その支払いを埋め合わせるべく対キューバ輸出を図るであろう。しかし大多数の企業は米政府との契約を重視しており、この措置に従う。他方左翼勢力はこれを政治的に利用する可能性がある。さらに日本の貿易、産業、相互に連動する銀行制度の仕組みは、この措置の実施に摩擦を生む危険性と非常な困難を伴う。日本企業は非常に巧みにダミー会社を利用する。在日米軍の物資調達額は月額3,000万ドルにのぼるがその多くは財とサービスの提供で、本措置の正確な評価を短時間で行うのは不可能、と結論し、「キューバ貿易にかかわる企業に政府調達を認めないことをアナウンスする効果で、企業に自粛を促すことが望ましい」と献策している（DOS[1964e]）。

この文面から読み取れるのは、日本国内の政情を熟知したベテラン外交官としてのバランスのとれたな現状分析であり、特に日本の左翼勢力のナショナリスティックな反発への配慮である。対キューバ貿易に過度に介入しようとすることが、日本の革新的、伝統的を問わず、愛国的なナショナリズムを過剰に刺激することを危惧した。左派にとってはキューバ社会主義は心情的に共感を持つ存在であったし、右派にとっては、キューバが旧敵国米国に抵抗する姿に、カタルシスを覚えたかもしれない。しかもキューバは日常生活に不可欠の砂糖の最大の供給源であった。そしてライシャワーは、当時の池田、佐藤両保守本流政権が進めていた、ナショナリズムに精神的な価値を与えないという意味での、経済中心主義に理解を示していたのであろう。そのことが、日本国民の感情に配慮して、あくまでも企業に自粛を促す、という慎重な表現に落ち着かせた理由ではなかろうか。

しかし増大する日本のキューバ貿易に対して、以後ワシントンはより強い圧力をかけてくる。それを象徴する出来事は、64年９月15日の武内龍次駐米大使とラスク長官との会談である。この会談は国務長官が大使を召致した形になっている。会談の内容は件名「キューバとの貿易問題に関するラスク国務長官との会談」として記録されている。双方の主張の概要は次のようである。

まずラスク国務長官は、日本がキューバへの船舶の寄港を停止し、貿易も政府間取極を回避したことは深く感謝している。また漁業問題も日本側がカストロ首相政権以前の債権取立を行っている一会社を除き漁船の寄港を取り止め、解決したと承知している、と述べる。しかし日本の対キューバ輸出が63年の250万ドルから64年は850万ドルに達する見込みであるとし、通信機器、機械類及び同部品は輸出を差し控えられる措置を取っていただくことができれば非常に結構、と発言した。これに対して武内大使は漁業問題については、米側の申し入れはあまり基礎がはっきりせず、対外援助に関する米国の法律にある船舶の定義に漁船が入るとみなされる恐れがあるという説明があり、日本側の業界などは後難を恐れて迷っている状況で、「こういった米国のやり方に日本国民はあまり納得していない」というのが本当のところではないか、と応じている（外務省［1964d］）。

ラスクの発言にはキューバ貿易に携わる日本企業のかなり具体的なデータが入っていて、精力的に情報収集に動いている様子がうかがえる。しかし、対日圧力に法的な根拠もないことから、「差し控える措置」というお願いの表現を使っている。他方武内大使も、米側の要求に一方的に与するのではなく、率直に日本の国民感情を代弁していて力強い。「日本国民はあまり納得していない」という表現には暗に、日本に根強い嫌米ナショナリズムを想起させるものがある。そして日本企業は「後難を恐れて迷っている」という言葉に、より冷静な視点で、通商国家としての日本のナショナルインタレストを言外に主張しているように思われる。日本は対米協調には最大限の配慮はしつつも、たとえその貿易相手が、米国の国家安全保障を脅かしていたキューバであろうと、自由貿易の原則の立場は守ろうとしたのである。

しかし現実にはこの時期を境に、ワシントンは日本をはじめとする西側諸国への、キューバ貿易抑制により一層厳しい態度で臨む。それを物語るのは、ワシントンからラテンアメリカ各国駐在大使館に宛てた次の公電である。

「我々は東京とワシントンで、日本キューバ貿易を抑制するために非常に努力してきた。キューバの貿易使節団が訪日する予定との情報を得ている。この問題に在京米大使館は新しいアプローチで対処しようとしている」。「ラテンアメリカ各国政府は、日本政府にキューバ貿易への懸念とOAS決議への支持をまだ伝えていない。ラテンアメリカ各国政府がより直接的に、日本政府にこの問題への懸念と関心を表明することが、極めて効果的である」。「日本がキューバ糖の輸入を少しでも減じることが、ラテンアメリカ諸国の砂糖輸出を伸ばすことにつながる点を強調せよ」（DOS［1964f］）。

ここでいう新しいアプローチとは、ラテンアメリカ諸国に日本との貿易に圧力をかけるという方法であった。問題を米国対日本のバイのレベルから、ラテンアメリカを加えたマルティレベルにしようとする外交圧力政策である。例えばこれを受けて、ソモサ独裁体制にあり、親米国であったニカラグアの米国大使館からは次のような反応があった。大使館の高官がオルテガ

(Alfonso Ortega Urbina) 外相に面談しこの点を伝えると次のような返答があったという。外相は日本がキューバと相当規模で貿易を続けるのは、OAS決議違反であり、ニカラグアは日本との貿易の課税 (charge) を引き上げる意向である。しかし日本はニカラグアの綿花を大量に購入し、日本の対ニカラグア輸出額はその五分の一程度なので、これ以上の措置を取ることは難しい (DOS [1964g])。

在京米大使館も積極的に取り組むようになる。1965年1月の佐藤首相の訪米を控えて、外交圧力を強化する。1964年12月16日付のライシャワー大使のワシントン宛公電は次のように述べている。日本キューバ貿易について、新しいアプローチが必要で、佐藤首相の訪米の際にこの問題を国務省から取り上げよう。日本キューバ貿易は近年急激に増加している。その結果日本は自由世界で最大規模のキューバ貿易相手国となった。しかし、日本が自由世界から砂糖輸入することは可能で、キューバとの貿易を減ずるには今がその絶好の機会である。ラテンアメリカの潜在的な砂糖輸出国と、この関心を共有したい (DOS [1964h])。

第3節　日本側の対応

一連の対日攻勢のクライマックスとなったのは、64年12月24日のライシャワー大使と黄田多喜夫外務次官との会談である。

大使は日本キューバ貿易について、日本が貿易量を減らす措置を取ることを希望するというトーキングペーパーを次官に手交した。右ペーパーでは日本とキューバの貿易が拡大基調にあることを指摘し、米政府は新規買い付けからキューバ糖を除外し、自由世界からの輸入に転換すれば極めてありがたいと考える。キューバの対日貿易黒字は、南米における謀反勢力を助力することに利用される可能性があり、この問題はジョンソン・佐藤会談で米側から取り上げる予定である、と述べている[2]。

外務省内では米側の要望を受けて、中山賀博経済局長ほか担当者が出席してあわただしく会議が開かれた。しかしその結論は、日本は対キューバ貿易を差し控える要請にできる限り協力しており、完全に自由化された砂糖貿易には、政府は直接規制する法的根拠はなく、砂糖業界は目下不況にあり、少しでも廉価、良質の砂糖を大量供給可能な輸入先から必要とする状態で、世界の砂糖生産が増加しても、キューバ糖と競争できなければ、輸入先の転換は不可能ということであった。かくして砂糖の過剰生産が予想されるのでキューバ以外の産糖国に転換してほしい、という米側の要望を日本サイドは押し返したのである。

その背景にあるのは市場経済メカニズムに政府が介入することはできない、という資本主義の原則論に加えて、日本キューバ通商協定の際のサイドレターの存在があった。日本はキューバ糖が競争力を持つ限り、45万トン輸入すると約束していたのである。この点に関して1963年12月6日付の興味深い公電がある（外務省［1963c］）。カストロ首相は、本来非公表のはずのサイドレターの内容について、公の場の演説で言及していた。日本政府はその意図を、米国の孤立化政策にもかかわらず、キューバは自由主義国とも密接な関係を維持していることの宣伝材料に使っているとみて強い懸念を抱き、在キューバ矢口麓蔵大使に「お見込みにより責任国政府に適当な機会に注意喚起」するよう指示していたのである。カストロの発言は外交慣例上は異例なことではあったが、非公表のサイドレターは現実に存在したものであり、日本は公式にそのことを否定する方法はなかった。

いっぽう対キューバ貿易を抑制するようにとの米側の要望にも法的な根拠はなく、外務省の担当者はしばしば通商協定の趣旨からして、「キューバ側から訴えられれば、我が国としては反論できない」と危惧していたのである（外務省［1964f］）。米国はキューバとの貿易を継続すれば、米国が日本に供与しているあらゆる援助を打ち切る可能性があると伝えたが、これには日米安全保障協定による軍事援助も入っていた。外務省の懸念は、特にこの点にあったのだが、通商協定の順守と砂糖業界への配慮、対キューバ輸出振興がこれを凌駕した形となった。

（2）外務省［1964e］。なおライシャワーはこのときの様子を自らの日誌に、「外務次官とは、いくつかの興味をひくディスカッション」（ライシャワー［2003：219］）とだけ言及している。同書によれば、クリスマスには大使公邸に5,000人の訪問客があったという。

65年１月13日の佐藤・ジョンソン共同声明には、中国問題、ベトナム戦争、沖縄返還問題についての言及はあるものの、キューバ問題には何も触れていない。またナショナルプレスクラブにおける佐藤首相の演説でも、キューバには言及していない。しかし見落としてならないのは、当時の日米間の最大の懸案事項の一つであった繊維問題についても、何も述べていないことである(3)。このような首脳会談では、こうした個別の経済事案については、水面下で話し合う性質の事柄なのかもしれない。キューバ貿易問題を首脳会談で取り上げるというライシャワー大使の発言は、日本に圧力を加えるための、外交上の技法であった可能性もある。

これまでキューバ革命政権と日本の貿易について、通商協定締結に至る経緯と、米国の対日政策を国務省の文書を中心に分析した。以下ではハバナ駐在の日本大使館の情報と外務省本省の対応振りを検討する。

キューバ側が日本への砂糖輸出にどれほど熱心であったかを示すものに、ハバナ駐在の矢口大使の1963年11月20日付の公電がある。それによれば、たまたま会ったカストロの側近より、ある重要事項について近く政府より連絡があるとの内報があり、「18日午後ボティ（Regino Boti León）経済大臣より同日午後７時に大臣私邸にて会談したく来訪願いたい旨電話」があった。ボティはカストロ首相が直接矢口大使に話したいことがある、と伝えていた。約束通り夜７時30分にカストロ首相は単身現れ、１時間20分間大使と話した。

その要旨は、キューバは外国との特恵関税も特殊の利権もないので、対日貿易の拡大を妨げる障害は存在しない。今後自由圏特にキューバ糖の伝統的顧客である日本との貿易を、通商協定の趣旨をも考慮して協力推進したい。64年度には日本側買付の50％を日本製品の輸入にあてることを約束する。さらに100万トンの砂糖の対日輸出をしたく、その代金の少なくとも85％は日本からの買い付けにあて、残りの15％を外貨で決済するか、あるいは80％を日本品の買い付けにあて、残り20％をキューバが貿易債務を持つ第三国に貴

(3) 鹿島平和研究所編［1984］。なお米国務省のメモランダムには、大統領と首相の私的な会話では、繊維問題が話し合われたと記している（DOS［1965］）。

国製品で支払うという三角貿易にするかのいずれかにしたい。翌日19日早朝、カストロ首相の命を受けて、ボティ大臣が大使公邸を訪問する。「大臣は昨夜の会議後、他の閣僚も交えて再討議の結果、65年以降の対日輸入を85%から100%引き上げることに変更。本提示はキューバの経済計画に相当の影響を及ぼす重要事であり、できるだけ早く日本側の意向を承知したく年内にも予備交渉のための使節団のキューバ訪問を希望する。せめて新年早々には是非とも実現してもらいたい旨繰り返し述べた」（外務省［1963a］）。ここでカストロが言及する「通商協定の趣旨」とは、日本とのサイドレターである、砂糖輸入年間45万トンの数値目標を指しているであろう。

63年末には米国のキューバ締め付けが強化され、対外援助法の修正により、キューバとの交易国への援助を停止した。カストロの上記の行動は、こうした情勢の中で砂糖の大口輸出先を懸命に確保しようと、トップセールスに忙殺されていた様子をうかがわせる。年間100万トンは、キューバの砂糖総輸出の20%程度に相当し、対日貿易への期待の大きさを裏付けている。

カストロとの会談ののち、在ハバナ日本大使館からは次のような機密性の高い情報が本省に伝えられた。政府関係者の内話として、カストロ首相が11月中旬の外国貿易省幹部会で、キューバの必要物資は共産圏諸国との貿易だけでは確保できなくなり、次年度の対同圏貿易を大幅に削減しその分を日本、英国、スペイン、フランス、イタリア、オランダの6か国に振り替えるべきである、と発言した。大使館サイドは、カストロ発言の背景には、10月にプラハで開かれたコメコン（経済相互援助会議）執行委員会で、対キューバ経済援助の削減案が出されたこと、砂糖の国際価格が大きく騰貴する見通しで、キューバはこれを最大限に利用しようとしていること、11月の中ソ論争、キューバの2億ドルの対ソ貿易債務問題があると分析している（外務省［1963b］）。

矢口大使はカストロ提案への本省の意向を、モラ（Alberto Mora）貿易大臣、ボティ経済大臣、外務次官を公邸の晩さん会に招き伝えたが、そのときの模様を次のように公電で伝えている。矢口大使は、日本は貿易自由化政策をとりつつある関係上、キューバ糖の輸入について政府が業者に対して長期契約の締結などを指示することは不可能であり、在日キューバ大使館通商代表部が、日本の財界人に直接働きかけて民間ベースの使節団を、キューバに訪問させることが最善の策ではないかと述べた。これに対してモラ大臣は「かかるやり方に日本政府は異議をさしはさむことはないであろうか」と反問する。矢口大使は「異議ないと思う。キューバ糖の価格が競争力のあるものであれば、業界は従来通り関心を示すであろう」と応じた。さらにモラ大臣は、キューバは日本に対し依然競争力のある価格で砂糖を輸出する用意があり、繊維製品などに振り向けられる最初の買い付け額800万ドルにも何ら変更を加える意思はないと発言した。モラ大臣によれば、英国政府は５年間のクレジットをキューバに供与し、バスの買い付け交渉を締結した。キューバ政府はスペイン、フランスのみならず外交関係のない西ドイツ、モロッコにも通商促進の使節団を派遣している（外務省［1963d］）。

カストロは対日貿易に少なからぬ関心を寄せていたが、次のような発言もある。英国大使館でのレセプションで矢口大使はカストロ首相に、さし当たり訪日を延期されてはいかがか、と話すと首相は「私はバスケットボールチームの一員としてでもぜひ訪日したい。キューバのニッケル輸出についてご協力願いたい。日本技術者の協力を得られるならば、もっと幸いである」（外務省［1964c］）と返事した。カストロが初訪日するのは、32年後の1995年12月であった。

いっぽう東京では、ハバナでの対日貿易攻勢が進む中、米大使館員は対キューバ貿易の抑制を要望するため、外務省、通産省、業界団体を頻繁に訪れていた。エマーソン（John K. Emmerson）公使も何度か外務省を訪問した。以下紹介する黄田多喜夫外務審議官（黄田の外務事務次官の任期は、1964年５月から1965年６月である）との会談では、米国の圧力政策と、外務省側の対米配慮と同時に、日本の経済事情と自由貿易体制の原則を重視する立場が交錯していて興味深い。

1964年２月11日、エマーソン公使は黄田外務審議官を訪問する。同公使が日本の対キューバ貿易をもっと引き締められぬかと質したのに対して黄田は、日本は砂糖の供給源を他に転換することに努めているが、年間15万から20万トンはどうしてもキューバから買わないと需要を満たすことができないと説明する。そして在キューバ日本大使館からの情報を基に、「最近カストロから65年以降100万トンの長期契約の申し出があり、キューバ側はその売り上げ全額を日本産品の購入に充てるといってきた。現状よりもさらに締めることは難しい。英仏がバスやトラックをどんどんキューバに売るようならなおさらである」（外務省［1964a］）と発言しているのである。黄田の主張を一層説得力のあるものにしているのは、他の西側諸国が米国の対キューバ孤立化政策に同調していないことである。

こうした状況の中で、日本キューバの通商協定（1961年7月20日発効）が1964年7月19日満了することになった。これはどちらかの廃棄通告がなければ単純延長され、そのまま存続する性質のものであった。外務省の対キューバ貿易の方針は次のようであった。ⅰ　キューバ側が示唆している砂糖年間100万トン輸入の長期契約、砂糖代金全額を日本品買付に充てる約束を両国政府間で行うことは困難。ⅱ　極端な入超を避けるために、輸出を伸ばすことが妥当。ⅲ　対外援助法により、軍事物資をキューバに売却した国には米国は一切の援助を行わないが、日本は従来から軍事援助を受け入れている。現行の輸出貿易管理令では、軍事物資以外は輸出の事前承認を必要としない。対キューバ輸出には国連決議はなく、ココム（対共産圏輸出統制委員会）による禁輸措置も該当しない。業界はキューバ貿易には慎重な態度で、現行法令の範囲内で行政的に指導を行うほかない。米国が日本の対キューバ輸出に懸念を示す船舶、車両、航空機、通信設備、工作機械、建設資材（CC物資：Critical Commoditiesと呼称された。――引用者注）は品目、数量などを勘案し、我が方の見解を通産省を通じ業界に伝える。ⅳ　延払いの輸銀（日本輸出入銀行）資金の申請に際して外務省への協議を行うよう通産省に要望する。ⅴ　米国は対キューバ貿易に従事する会社に制裁を加えることを主張している。通産省を通じこれを業界に周知徹底し、米国及び他の米州諸国との取り引きに影響を及ぼすことがあり得ることを了解させる。外務省の態度は当初から、通商協定は存続が望ましいというものであったが、広報上の扱いには、対米配慮もあってか、なるべく目立たないようにすることが周知された（外務省［1964b］）。

外務省のこの基本方針は、1970年代になると大きく変化する。上のⅳにある輸銀の融資が、1975年10月の澄田智日本輸出入銀行総裁のハバナ訪問以降、本格的にスタートする。対キューバ貿易への輸銀融資は、米政府が何としても阻止しようと、最も強力に外交圧力をかけた事項の一つであった。そして同じ年日本とキューバの貿易総額は実に2,320億円に達し、日本の対メキシコ貿易総額の1,661億円を大きく上回るに至ったのである。1970年代に入って、日本キューバ貿易が急拡大した背景には、通産省と一部政治家の働きかけがあったこと、また経済団体連合会（経団連）の首脳が積極的に推進したことなどがある。このテーマについては、稿を改めて論じることとしたい。

結びに代えて

本章は日本とキューバの貿易をめぐる、米国の介入政策の軌跡とその帰結について、1961年の通商協定の締結から60年代中頃までの動きを中心に分析した。1959年のキューバ革命は米国の厳しい対キューバ敵視政策を招いた。米国の有力な同盟国であり、同時に資本主義国としてキューバ糖の最大の輸入国であった日本は、経済中心主義と対米協調外交を戦後外交政策の基本においていた。しかし、キューバ貿易はこの二つの政策のどちらを優先するべきかという難しい選択を迫った。

キューバ革命を国家安全保障の脅威と感じた米政府は、同盟国日本に対して、必ずしも法的な根拠が盤石ではなかったことから、対キューバ貿易の抑制をお願いするという形をとった。そして軍事援助の削減、日米首脳会談での議題にする、あるいはラテンアメリカ諸国に対日貿易を控えるべく働きかけるなどの外交圧力をかけた。ケネディ大統領自らが、キューバ糖の代わりにフィリピン産糖の対日輸出をフィリピン政府に直接働きかけている。

米国の介入圧力に応対した外務省の方針は、米国の意向にはできる限り協力はする。しかし砂糖を中心とする民間の貿易には、政府は介入できないというものであった。その含意するところは、通商国家として戦後の経済発展を貫こうとする、経済中心主義の外交政策であった。そして日本の立場を強くしたのは、西側諸国が米国のキューバ孤立化政策に同調していなかったことである。

興味深いことは、1960年代初めのキューバの対外通商政策が、非常にリアリスティックで、資本主義国との貿易拡大に熱心であったことである。それは同じ時期の日本の保守本流の政治家たちが、ナショナリズムに精神的な価値を与えないことを基底にして、戦後の経済復興を急いでいた姿にも相似するところがある。さらに付け加えておきたいのは、米政府の強い介入圧力を、当時の知日派の外交官であるライシャワー大使、エマーソン公使が、日本の左右両派の勢力のナショナリスティックな反発にも配慮して、キューバ貿易問題を、極力ロープロファイルにとどめ置こうとしたことである。ワシントンと東京の間にあって、二人は緩衝材の役割を果たしたと言えるのではないか。ライシャワーがその内心を吐露したのは、本稿冒頭で紹介したように、最も信頼を置いていた大平外相であったのであろう。

参考文献

五百旗頭真［1989］「国際環境と日本の選択」有賀貞・宇野重昭・木戸蓊・山本吉宣・渡辺昭夫編『講座国際政治　④　日本の外交』東京大学出版会。
池田美智子［1996］『ガットから WTO へ』ちくま新書　筑摩書房。
エドウィン・O・ライシャワー、ハル・ライシャワー（入江昭監修）［2003］『ライシャワー大使日録』講談社学術文庫　講談社。
鹿島平和研究所編［1984］「佐藤栄作首相・ジョンソン米大統領共同声明および佐藤首相のナショナルプレスクラブにおける演説」1965年１月13日　『日本外交主要文書・年表　第二巻』原書房。
高坂正堯［1968］『宰相吉田茂』中央公論社。
竹中千春［2009］「国家とナショナリズム」日本国際政治学会編『日本の国際政治学　第三巻　地域から見た国際政治学』日本国際政治学会編　有斐閣。
田中高［2011］「キューバ貿易統計、外交文書の調査体験記」『アジ研ワールド・トレンド』第186号３月号、25-26ページ。
田中高［2012］「日本キューバ貿易小史―通商協定締結の軌跡―」『ラテンアメリカレポート』第29巻第１号６月号、38-51ページ。
三好徹［1974］『チェ・ゲバラ伝』文春文庫　文藝春秋。
ロメロ イサミ［2022］「日本とキューバ革命――九五九年のゲバラ使節団」『国際政治』第207号、97-112ページ。

［アメリカ国務省関連：National Archives, College Park（NA), United State, Department of State（DOS)］
DOS［1962］President's Suggested Diversion of Philippine Sugar to Japan, 1962-3-7, Central Decimal Files, RG59-250-3, NA.
DOS［1964a］Tokyo to Secretary of State, 1964.2.12, U.S. Department of State Subject-Numeric File（hereafter SNF）1964-66, RG59-250-5, NA.
DOS［1964b］Memorandum of Conversation: Cuba, 1964-2-12, SNF, RG59-250-5, NA.
DOS［1964c］Emmerson to Department of State, 1964-4-20, SNF, RG-59-250-6, NA.
DOS［1964d］Rusk to Ambassadors, Circular 259, 1964-6-8, SNF, RG59-250-6, NA.
DOS［1964e］Tokyo to Secretary of State, 1964-8-11, SNF, RG-59-250-6, NA.
DOS［1964f］Rusk to Embassies, Circular 973, 1964-11-16, SNF, RG59-250-6, NA.
DOS［1964g］Managua to Department of State, 1964-11-27, SNF, RG59-250-6, NA.
DOS［1964h］Reischauer to Department of State, 1964-12-16, SNF, RG59-250-6, NA.
DOS［1965］Memorandum of Conversation: Current U.S.-Japanese and World Problems, 1965-1-12, SNF, EO12958, Sec.3.6, NA.

［キューバ外務省関連：Archivo Nacional de Cuba（ANC)］
ANC［1959a］Alzugaray a Agramonte, 1959.5.29, ANC, N-28, E-14, A-14, ANC.
ANC［1959b］Alzugaray a Roa, 1959.7.23, R-12, ANC.
ANC［1959c］Alzugaray a Roa, 1959.9.14, R-36, ANC.
ANC［1959d］Comisión de Fomento de la Embajada de Cuba en Japón, Analises de Las Posibilidades de Exportación a Cuba de Maquinaria Japonesa, Mitsubishi Shoji Kaisha（E Sintani), 1959, ANC.
ANC［1960］Memorandum, Conclusiones de la reunión celebrada en el Palacio Presidencial, el día 18 de marzo de 1960 en relación con las proximas negociaciones entre el gobierno de Cuba y el gobierno del Japón, para que sirvan de guía a la delegación Cubana, 1960-3-19, ANC.

［日本外務省関連：外交史料館］
外務省［1959a］1959年7月20日「日玖通商問題」A`1.6.2.2-1。
外務省［1959b］1959年7月21日「キューバ使節団との非公式会談要旨」A`1.6.2.2-1。
外務省［1960a］「日玖通商交渉第六回本会議」1960年4月18日（日本キューバ通商交渉記録「交渉議事録」)、A`1.6.2.2-1。
外務省［1960b］「日本国とキューバ共和国との通商協定の締結について」外務省情報文化局　1960年4月22日。
外務省［1963a］矢口大使発外務大臣宛「キューバの対日貿易拡大に関する件」1963年11月20日　電信第207号。
外務省［1963b］矢口大使発外務大臣宛「キューバの外国貿易政策に関する件」1963年12月5日　電信第221号。
外務省［1963c］大平外相発矢口大使宛「キューバの対日貿易拡大に関する件」1963年12月6日　電信第36456号。
外務省［1963d］矢口大使発外務大臣宛「キューバの対日貿易拡大に関する件」1963年12月10日　電信第223号。
外務省［1964a］大平大臣発武内大使宛「在京米大使館エマーソン公使と黄田審議官会議の件」1964年2月14日　電信経ラ第162号。
外務省［1964b］経済局ラテンアメリカ課「キューバ貿易に関するわが国当面の基本的態度」資料第64・12号　1964年4月（日・キューバ経済関係　2008 0049)。
外務省［1964c］矢口大使発外務大臣宛「カストロ首相との会談について報告」1964年6月17日　電信第88号。
外務省［1964d］武内大使発外務大臣宛「キューバとの貿易問題に関するラスク国務長官との会談（報告)」1964年9月15日　電信第2409号。
外務省［1964e］（アメリカ局)「黄田次官とライシャワー大使の会談要旨」1964年12月24日。
外務省［1964f］「キューバ糖輸入問題」1964年12月26日（日・キューバ貿易　2008 0068)。

第4章

中米糖業の成長要因について
――エルサルバドル、グアテマラ、ニカラグアの定性・定量分析――*

はじめに

本章では砂糖が輸出産品の上位を占める、エルサルバドル、グアテマラ、ニカラグア（標記はアルファベット順。なお表中それぞれ ELS, GUT, NIC と略した箇所がある）の中米3か国について、定性・定量両面の分析アプローチを用いて、砂糖生産増加を決定する要因を考察しようとするものである。これら3か国の砂糖の原料となるサトウキビ生産は1960～2017年の57年間に、年間平均でそれぞれ3.8%、10.1%、3.1%増加した。さらに砂糖輸出量は1980～2017年に7.5%、6.1%、5.1%増加した。砂糖輸出額は2017年には、エルサルバドルではマキラドーラ（輸出向け保税加工区）を除いて第1位、グアテマラはバナナに次いで第2位、ニカラグアはコーヒー、食肉、金に次いで第4位である。

中米諸国は歴史的にコーヒー輸出により、世界商品市場に参入した。しかしコーヒー輸出は国際価格の下落、気候条件の変化や病虫害などが原因で低迷している。中米諸国の伝統的な輸出商品作物として、1950年代から70年代には綿花が対日輸出ブームを迎えた。当時日系貿易商社などが、綿花生産農家に融資という形で前金を支払い、日本国内の原綿需要を満たした。しかしその後米国の米綿輸出振興政策のもと、著しく廉価な販売攻勢のあおりを受けて、中米諸国は価格競争で敗退し、エルサルバドル、グアテマラ、ニカラグアは純綿花輸入国に転じた（田中［1997］）。

＊　本稿の初出は「中米糖業の成長要因について―エルサルバドル、グアテマラ、ニカラグアの定性・定量分析―」『貿易風―中部大学国際関係学部論集―』2020年第15号、7-30ページである。

筆者は当初、中米産糖の堅調な生産増は、米国の関税割当制による優遇措置に起因すると仮定していた。しかし現実には砂糖の対米輸出比率は圧倒的に大きなものではなく、むしろ輸出先の多角化が進んでいる。では、中米産糖が堅調に増加し、首位輸出産品になりつつあるのはなぜか。本稿ではこの疑問＝リサーチ・クエスチョンについて、ささやかながら答えようとするものである。

手順として、まず定性分析を取り上げ、第1節ではサトウキビ生産の現況について述べる。周知のようにサトウキビは、カリブ海を舞台とする三角貿易で知られるように、最も古い歴史を有する商品作物である（ミンツ［1988］)。資本制プランテーションのスタートとなった農作物であると同時に、製糖プロセスは製造業＝マニュファクチュアリングであり、天候に左右されやすい農業と、工業部門＝製造業の二面性を有している。工業化のプロトタイプと目されるゆえんである。この点に配慮しながら、サトウキビをめぐる栽培と甜菜（てんさい）や異性化糖などについて解説する。

第2節では貿易面からサトウキビとその周辺作物について概観する。先述のように、砂糖は最も古い貿易財の一つであり、その取引は完熟した状態である。輸出国と輸入国の間には、様々な特例措置が存在し、自由競争的な取引を抑制している。また長年の商慣習の遺制が継承されてもいる。このような特殊な事情について簡述する。

第3節では、米国の対中米産砂糖特恵措置について、関税割当制度の現況を中心に考察する。上述のように、砂糖の輸出先としての米国市場の存在は圧倒的とは言えないが、米国の優遇措置が3か国のサトウキビ生産、製糖企業にもたらす影響力は無視できない。安定した輸出先を失うことが、いかに打撃となるかは、1959年キューバ革命後に米国市場を失い、旧ソ連や日本にキューバ糖輸出先を求めた先例がある（田中［2012］、ロメロ　イサミ［2022］)。米国市場の存在は地理的な至近性と長年の取引実績もあり、依然として大きなものである。

第1節から第3節までは定性分析を中心に考察し、第4節では定量分析を用いる。砂糖は下級＝必需財で、需要の所得弾力性は低く、人口増を上回る生産増は、かなりの部分は海外需要＝外部条件が寄与するものと推定されよう。簡便な回帰分析アプローチにより、中米３か国のサトウキビ生産の増加要因について考察し、この点を明らかにしたい。

最後に今後の研究課題として、糖業の堅実な成長は、歴史的に醸成された保護政策＝体制に起因するのではないか、という仮説についても触れておきたい。砂糖がウルグアイ・ラウンドで重要品目（センシティブ・プロダクツ）に指定され、自由化の例外規定が設けられていることは、あまねく知られている。米国、中米諸国をはじめ多くの国は、砂糖輸入を何らかの形で制限している。国際砂糖取引市場のレギュレート（＝調整）された商慣習が、中米のような中小規模生産国の、安定的な供給体制の構築に寄与しているのではないか、という点を指摘する。

表４－１　主なサトウキビ生産国と輸出入国

（1,000トン）

主要砂糖生産国　2017/18年　粗糖換算		
インド	35,583	
ブラジル	31,920	
タイ	15,127	
中国	11,418	
米国	8,244	
主要砂糖輸出国　2017/18年　括弧内は全体に占める割合		
ブラジル	20,710	(32)
タイ	13,637	(21)
豪州	3,730	(6)
インド	3,048	(5)
EU	2,718	(4)
主要砂糖輸入国　2017/18年　括弧内は全体に占める割合		
中国	6,450	(10)
インドネシア	4,917	(8)
米国	3,224	(5)
ペルシャ湾岸諸国	2,228	(4)

出所　農畜産業振興機構（原資料　LMC International）

第1節　サトウキビ生産の現況

サトウキビと甜菜を合わせた砂糖生産国は110か国で、そのうち両方を生産するのは米国、EU（欧州連合）、中国、エジプト、イランなどである。ブラジル、インド、EU、タイ、中国、米国、メキシコ、ロシア、パキスタン、豪州の上位10か国が世界砂糖総生産量の70％を占めている。砂糖は食品となる原料糖のほかに、搾りかすは飼料、エタノールなどのバイオ燃料にも利用される。2001～18年の間に、砂糖消費量は年率２％増加し、１億2,345万4,000トンから１億7,244万1,000トンに達した。砂糖需要に影響を与える要因は、人口増加、一人当たり所得の動き、砂糖と砂糖代替品の相対価格、砂糖をめぐる健康上の意識についての議論などである。砂糖消費量の増加率は減少していて、2016～18年の年平均増加率は0.84％に留まった。主な消費国は、インド、EU、中国、ブラジル、米国、インドネシア、ロシア、パキスタン、メキシコ、エジプトである（USDA［2019］）。

砂糖の年間貿易量は平均6,400万トンで、そのうち60％は粗糖＝原料糖である。2016～18年平均で、ブラジル、タイ、豪州、インド、EUが輸出上位５か国で、世界貿易量の70％を占めている。またブラジル一国で、世界輸出量の約30％を占める。2018年の輸出実績は、ブラジル2,071万トン、タイ1,363万トン、豪州373万トン、インド305万トン、EU272万トン。主要な輸入国は中国、インドネシア、米国で、2018年の輸入実績はそれぞれ645万トン、492万トン、322万トン（表４-１参照）。2018年のグアテマラの輸出量は199万9,000トンで世界第６位、エルサルバドル45万1,000トン第15位、ニカラグア42万1,000トン第18位である（ISO［2019］）。このような数字から、中米諸国は中小規模の生産・輸出国と位置付けられよう（グラフ４-１参照）。

砂糖は長期保存が可能なため、在庫量が世界の需給に影響を与える。2018年の全世界の在庫量の合計は5,090万1,000トン、多い順でインド1,758万4,000トン、タイ698万1,000トン、中国547万1,000トン、インドネシア224万3,000トン、米国136万5,000トンとなっている（『砂糖統計年鑑』2019年版）。

在庫の存在は、需給関係の変動に対する緩衝材ともなっていて、国際砂糖

グラフ４−１　主要砂糖輸出国2019年（1,000トン）

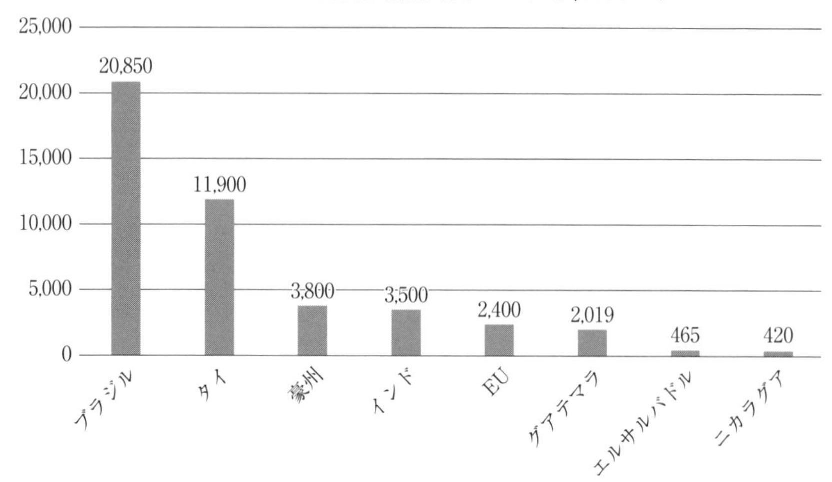

出所　USDA, Foreign Agricultural Service, Office of Global Analysis, May 2019より筆者作成

協定の枠組みにおいて、国際機関や生産者団体の管理の下での価格安定メカニズムの役割を期待された。しかし先述のように先進国と途上国双方が砂糖を生産することなどで、利害調整が困難となり機能していない（沖浜［1990］、斎藤［1979］、千葉［1987］）。

第２節　中米３か国の砂糖輸出

（1）　貿易統計上の留意点

中米諸国の貿易統計を扱う際に、留意しなければならない点として、輸出向保税加工区（マキラドーラ）をどのように取り扱うかがある。本稿の分析対象である３か国に共通するが、いずれの国でも縫製業を主体とする繊維業や自動車向けの部品産業が輸出商品のかなりの割合を占めている。このような産業は労働集約的で、原料・素材を輸入し加工することで付加価値を得る。実際にはその付加価値分が輸出所得に相当するが、統計上、把握することは難しく、国により扱いが異なる(1)。

広く利用されている国連貿易統計データベース（UN Comtrade Database

https://comtrade.un.org）では、輸出品目のうち、グアテマラはマキラドーラを除くが、エルサルバドルとニカラグアはマキラドーラが含まれる。例えばニカラグアの2017年の最大の輸出品は5億8,740万ドルの絶縁ワイヤ・ケーブル（自動車用のハーネス）である。実はこれを輸出するのは、矢崎総業が全額出資する現地法人で、同国第二の都市レオンで従業員1万人を雇用している。

しかしこの輸出額には、ハーネスを組み立てるために輸入した素材となる部品・ケーブルのコストは含まれていない。筆者は同社の工場を見学したことがあるが、ハーネスの製造工程は基本的に労働者による手作業のため、外国から輸入された部品・ケーブルを基盤の上で組成・加工していた（田中［2016a］）。いっぽうニカラグア中央銀行の輸出統計には、国連統計で含まれているマキラドーラは除外されていて、輸出品の首位はコーヒーである。砂糖は輸出額で4番目に大きな商品にランクされる（表4－2参照）。

（2）　中米諸国の主要輸出産品と砂糖

以上の点を考慮して、本稿では中米経済統合事務局（Secretaría de Integración Económica Centroamericana：SIECA）のデータベース（SIECA・SEC：Sistema de Estadística de Comercio de Centroamérica：http//www.sec.sieca.int/）を利用して、砂糖輸出が3か国の貿易に果たしている役割を見ておくことにする[2]。

（3）　砂糖の主要輸出先

表4－3は3か国の主要輸出先を示している。2017～18年の2年間についてだけでも、輸出先に変化のあることがわかる。特に注目すべきは中国の台

（1）コスタリカを除く中米諸国の最大の外貨収入源は主として米国に居住する同国人の郷里送金で、近年金額は増加傾向にあり、外貨送金に依存する経済構造が形成されつつある。ニカラグアはコスタリカへの移住も多い。詳細は桑山［2018］。

（2）SIECAは1960年、中米共同市場（Mercado Común Centroamericano：MCCA）の発足を機に設立された。グアテマラに本部を置き、域内共通関税表や貿易統計データを提供する地域機構である。

表4－2　中米3か国　主要輸出品

（100万ドル）

	2017年	2018年
エルサルバドル		
衣料品	819.26	861.57
Tシャツ	(271.71)	(320.51)
セーター	(292.39)	(300.05)
下着類	(255.16)	(241.01)
プラスチック製品	186.43	195.68
砂糖	220.30	178.30
グアテマラ		
バナナ	867.28	906.28
コーヒー	748.61	680.86
砂糖	825.01	633.22
食用油	446.85	446.21
クルミ・カルダモン	366.62	433.69
ニカラグア		
コーヒー	512.20	419.81
金	328.41	370.93
食肉	507.67	481.01
冷凍	(303.10)	(263.58)
生肉	(204.57)	(217.43)
砂糖	174.42	167.13

注　括弧内　内数
出所　SIECA・SEC: Sistema de Estadística de Comercio de Centro América.

頭であろう（Alexander［2014］）。中米諸国は台湾との外交関係を結んでいたが、エルサルバドルは2018年に台湾と断交して中国と外交関係を樹立した。ほぼ時を同じくして、2017～18年の間に、中国向け砂糖が4,056万8,000ドルから7,866万2,000ドルに急増した。グアテマラは台湾との外交関係を維持している。ニカラグアも台湾と外交関係を有していたが2021年に解消し中国との国交を復活させた。

表4-3　中米産糖主要輸出相手国

		2017年		2018年	
		輸出額 1,000ドル	輸出量 トン	輸出額 1,000ドル	輸出量 トン
ELS	米国	40,589	149,670	62,614	246,764
	中国	40,568	112,016	78,662	211,801
	台湾	46,103	94,029	23,984	57,289
	英国	5,645	53,700	10,122	27,871
	ホンジュラス	8,417	5,404	9,326	6,133
GUT	米国	98,412	273,833	143,248	398,757
	チリ	62,829	140,771	86,956	226,386
	カナダ	39,438	107,837	47,185	153,480
	台湾	58,550	146,586	36,337	79,149
	ハイチ	26,667	56,435	33,136	81,991
NIC	米国	38,672	84,069	42,269	146,715
	中国	4,323	11,139	61,452	152,454
	コート・ジボワール	28,962	61,045	16,353	36,888
	英国	14,690	65,058	11,230	41,567
	プエルトリコ	6,583	31,011	10,628	52,720

出所　表4-2と同じ

(4)　グアテマラの生産量急増の背景要因

なおここで、砂糖が輸出商品として近年急増しているグアテマラについて、その背景をあらかじめ補足的に説明しておきたい。

サトウキビの生産量は1990年960万3,100トンから2017年3,375万8,389トンへと3.5倍、年平均4.7%で増加した。砂糖輸出量は、2013年以降世界上位5か国にランクされている。2015年の輸出額は8億560万ドルで、バナナを抜いて最大の輸出産品となり、翌16年の輸出額は、バナナの8億4,800万ドルに次いで8億2,250万ドルとなった。

1970年代から90年代にかけて中米地峡（メキシコ南部からパナマまでの細長い地峡を指す）では内戦が勃発し、経済活動は大きく停滞した（細野・遅野井・田中［1987］）。グアテマラの和平合意終結は1996年で、エルサルバドル92年、ニカラグア90年と比べて遅かった。グアテマラ内戦の戦闘地域は南部

グラフ４－２　中米３か国　サトウキビ生産量

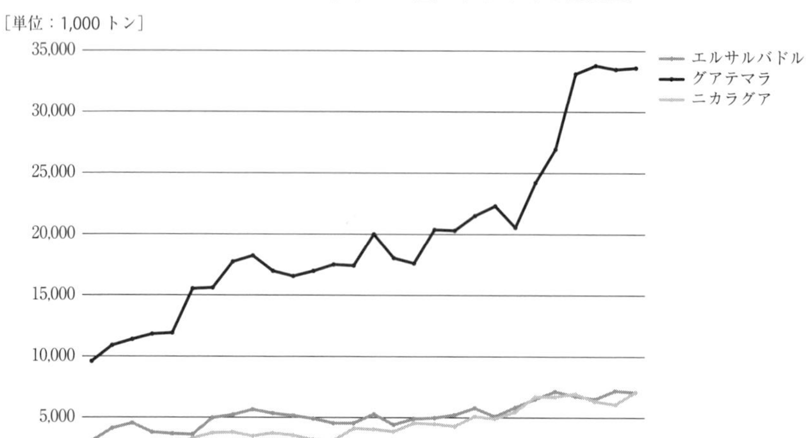

出所　表４－２と同じ

山岳地帯が主で、サトウキビを栽培する太平洋岸平地は比較的平穏だった。したがって内戦終結を待たずに、すでに生産拡大がスタートしていた。以下、グアテマラのサトウキビ生産急拡大の要因について、農畜産業振興機構［2015］を参照しながら説明する。

グアテマラにおけるサトウキビ栽培地は、太平洋岸南部のエスクイントラ（Esquintla）県が中心で、栽培面積の実に約90％が同県に集中する。また国内で稼働する13の製糖工場のうち、７工場が立地している。エスクイントラ県は平地部が多く、気候的にも栽培に適し、年間平均気温26度以上、適度な降雨量に恵まれている。グアテマラの砂糖輸出全量を積み出すケッツアル（Quetal）港もある。特筆すべきは、ケッツアル港が１時間当たり2,000トンの砂糖を船積みできる、砂糖専用輸出ターミナルを設置していることであろう。加えて43万トンの砂糖貯蔵施設を有している（農畜産業振興機構［2015：２］）。

サトウキビ栽培面積で見ると、2010年の22万3,152ヘクタールから2017年には27万8,967ヘクタールへと、1.25倍増加した。留意すべきは単収（単位面

グアテマラ　エスクイントラ　精糖工場　遠景

（筆者撮影）

積当たりの収穫量）も、同期間に１ヘクタール当たり95.1トンから121.119トンへと27％増加した（表４－４参照）。第４節で試みる回帰分析では、単収増加（技術進歩）は説明変数として明示的にインプットされていない。そこで

表４－４　単収増加の寄与率　試算

年	生産量トン	栽培面積 ha	単収トン /ha
2010年	22,313,828	233,152	95.1
2017年	33,758,389	278,967	121.1
増加比率			
生産量	0.513		
面積	0.25		
単収	0.272		
寄与率の計算			
1.25×0.272＝0.34			
0.34÷0.513＝0.663			
寄与率　66％（生産量増加に比した、栽培面積と単収の増加）			

出所　FAOSTAT のデータを元に、筆者作成。

栽培面積・単収増加が生産量増加に与える寄与率を2010年と2017年について試算したところ、66%という高い数値となった。

生産拡大と単収増加＝技術進歩については、グアテマラ砂糖産業協会（Asociación de Azucareros de Guatemala：ASAZGUA）の果たした役割が指摘されている。ASAZGUA は1957年に設立された製糖業界の団体で、国内にあるすべての製糖企業13社が参加している。主たる活動は 1）農地と製糖工場の技術と生産性の向上、2）人材の育成、3）出荷・製品流通の改善、4）地方自治体との連携強化などである[3]。

このような取り組みの中でも、品種改良と人材育成に大きく貢献してきたのは、ASAZGUA 支援の下1992年に創設されたサトウキビ人材育成センター（Centro Guatemalteco de Investigación y Capacitación de la Caña de Azúcar：CENGICAÑA）である。発足当初はコロンビアのサトウキビ生産者協会（Asociación de Cultivadores de Caña de Azúcar de Colombia：ASOCAÑA）の協力を得てもっぱら品種改良に取り組んだ。9か国から1,400品種に及ぶ導入試験を実施、病害に耐性のある改良に取り組んだ結果、同センターが育成したグアテマラ産オリジナル品種は、栽培面積の33%で利用されている（CENGICAÑA［2019］）。

CENGICAÑA は品種改良に取り組んだほか、総合的病害防除（Integrated Pest Management：IPM）を実施し、天敵、微生物を用いた総合的病害駆除手法を確立し、普及に努めている。灌漑についても施設整備と利用促進を図り、太平洋岸平地にあるサトウキビ栽培の70%が灌漑を利用している（農畜産業振興機構［2015：7-9］、CENGICAÑA［2019：99-101］）。

（3）2023年9月7日、筆者はグアテマラシティーにある ASAZGUA 本部で、同組織の国際部門担当の Luis Fernando Salazar など幹部4名とインタビューする機会を得た。彼らはグアテマラにおける糖業の発展が、政府や外国資本に依らず、国内民間資本主導のもとで行われてきたことを強調した。インタビューには吉田栄人（在グアテマラ日本大使館専門調査員）が同席した。

第3節　米国の関税割当制と中米産糖

本節では米国の砂糖輸入にかかわる優遇措置について、関税割当制（tariff-rate quota：TRQ）を中心に論じる。米国はブラジル、インド、EU、タイ、中国に次いで6番目に大きな砂糖生産国で、年間800万トン台の粗糖生産量を有する。しかし米国内の砂糖需要を満たすために、年間300万トン前後の砂糖を輸入しなくてはならない。米国の砂糖輸入量は、インドネシア、中国に次いで3番目に大きなものである。

米国産砂糖価格は、国際価格と比較すると約2倍であり、価格競争力は弱い。いっぽう米国内の砂糖栽培農家、製糖企業は圧力団体として長年にわたり強力な政治力を行使していることもあり、以下見るように、国産糖保護政策がとられてきた。米国は綿花、小麦、大豆、牛肉などの農産品では自由貿易を旗印に輸出攻勢をかける反面、砂糖については保護政策を堅持している。このような事情を理解するため、まず米国の農業価格・所得政策を概観し、次に砂糖のTRQ制度と、中米諸国の関係について述べることとしたい。

（1）　米国内の農業価格・所得政策の流れ

以下、農林水産省［2019］に依拠しながら、米国の農業価格・所得政策のこれまでの流れについて紹介する。米国では1930年代に価格支持融資制度が導入され、1973年には不足払い制度、1996年農業法では直接固定支払い制度、2002年農業法では価格変動対応型支払い制度、2008年農業法は平均作物収入選択プログラムを導入した。2014年2月に成立した2014年農業法は、直接固定支払い制度、価格変動対応型支払い制度、平均作物収入選択プログラムを廃止し、価格損失補償、農業リスク補償を導入した（服部［2016］）。

砂糖については、柔軟な市場割当（Flexible Marketing Allotment）の規定に基づき、米国農務省に置かれた商品金融公社（Commodity Credit Corporation：CCC）の砂糖在庫のより柔軟な扱いや新規参入企業の条件が明示された。さらにCCCが所有する過剰在庫は原材料便宜対応プログラム（Feedstock Flexibility Program）により、エタノール生産向けに供出できるようになった（USDA［2019b］）。2018年12月成立の農業法では、2014年農業法の枠組みが継承されつつ、価格損失補償と農業リスク補償の選択を年ごとに変更することが可能となった。

以上のように農業法はほぼ5年おきに改定されている。農家が生産した農産品を担保としていったんCCCに供出し、市場価格の変動により担保農産品を返却あるいは引き渡すという、融資制度の大枠に変更はないが、市場価格と融資単価（ローンレート）の乖離をどれだけの水準で、どのような方法で農家に補填するかで、微調整が続いている、といえよう。また砂糖については、CCCの担保在庫のより柔軟な利用ができるようになっている。

（2） 米国の砂糖保護政策＝TRQ（関税割当制）の概要

砂糖をめぐる貿易保護政策は、古くは1764年の砂糖法（Sugar Act）にまでさかのぼる。当時北米を植民地下に置いていたイギリスは、課税強化のため同法を成立させたが、植民地側に「代表なくして課税なし」の機運を高め、独立運動に結び付いたことは、歴史的史実としてよく知られている（US Department of State［2019］）。以下現行の砂糖貿易政策の概要について述べる。

米国における砂糖輸入の貿易保護措置は、もっぱらTRQを利用して施行されている。TRQの仕組みは、一定量の輸入には優遇関税を適用し、定められた量を上回る輸入には、高額の関税を賦課するものである。砂糖をめぐるこのような保護貿易措置は、長年にわたり続けられてきた慣習で、世界貿易機関（World Trade Organization：WTO）が依拠するウルグアイ・ラウンド協定で合意されている。

ウルグアイ・ラウンドでは砂糖は重要品目（Sensitive Products）の一つとして、特例的に保護措置が認められた。1999年時点で、砂糖について55のTRQが承認されていたが、この中には米国、EUをはじめ、中米諸国、メキシコ、タイ、南アフリカなどが含まれていた。要するに砂糖貿易は、生産国と輸入国双方に保護措置が認められたのである（FAO［2002］）。先述のように、砂糖が南北両諸国で生産されていることも、根因の一つである。ちなみに日本は、国内需要の約40％を自給する砂糖生産国であると同時に、年間約120万トンを輸入している。保護措置として TRQ よりもより制約の多い、国家による貿易管理体制のもとに置かれている（田中［2017］）。

米国は砂糖輸入について、農務長官名で会計年度（10月１日～翌年９月末日）の開始前に、粗糖と精製糖の TRQ を公表する。ここで留意すべきは、TRQ は砂糖の輸入量を定めているが、TRQ の枠組みで適用される輸入価格は、米国の砂糖生産者の取引価格が適用されることである。ICE16番と呼ばれるもので、国際市場価格よりも割高である（詳細は後述参照）。本稿で論じる中米諸国の場合、米国の TRQ は市場としての砂糖輸出量確保だけではなく、価格面でも優遇されたものであり、レント・シーキング発生の誘因ともなる（Kruger［1988］, Anderson［2010］）。

米国は TRQ に基づいて、毎年約113万トンの粗糖・精製糖のミニマム輸入量を設定している。また米国産の砂糖供給量が不足すると判断した場合には、輸入量を増やすことも可能である。TRQ による粗糖の輸入割当数量は米国通商代表部（Office of the U.S. Trade Representative：USTR）が所管し、貿易制限の緩かった時代である1975～81年の実績を勘案して、約40か国に配分する（USDA［2019b］）。

TRQ が適用される範囲内の輸入量については、１ポンド0.625セントの関税が賦課され、範囲を上回る粗糖輸入には、１ポンド15.36セント、精製糖は16.21セントの関税が課される。2019年９月時点の、粗糖取引価格（ICE16番）である１ポンド25.70セントで測ると、前者の課税水準は約２％、後者は約60％となり、禁止的水準となる。このように、対米砂糖輸出国にとり、TRQ の枠内・外のどちらに輸出量が落ち着くかは、事業運営上死活的な関心事となる。

（３）　米国・中米自由貿易協定（DR-CAFTA）

米国は前項の WTO 協定に基づく TRQ とは別建てで、米国・中米自由貿易協定（Dominican Republic-Central America Free Trade Agreement：DR-CAFTA）枠を適用している。対象国はエルサルバドル、ホンジュラス、ニカラグア、グアテマラ、コスタリカ、ドミニカ共和国である。DR-CAFTA による TRQ は、2006年10万7,000トンからスタートして、2018年には12万

1,190トンに達した。規定では、TRQ 枠は毎年2,640トンずつ上乗せされることとなっているが、実績値では変動がある。なお特例として、コスタリカは2,000トンの数量固定でスペシアリティ品種の輸入枠を認められている。

TRQ とは別に、米国は再輸出プログラムにより、特定国からの砂糖輸入を優遇している。再輸出プログラムは、化粧品や食品添加物を生産するのに必要な多価アルコール生産のための粗糖輸入と、世界市場向けに生産する食品に投入する粗糖輸入という、二種類がある（USDA［2019b］）。このプログラムでは認可を受けた精糖企業は自由市場の国際価格（ICE11番）で粗糖を輸入し、これを精製し、投入財として製品の加工に使い、輸出することが可能である。ICE16番と11番の価格差によって、精糖企業から輸出向け加工食品製造企業に供給される砂糖の価格が引き下げられ、輸出インセンティブにつながる。

2019年実績では、同プログラムによる輸入量は39万1,570トンで、このうちエルサルバドル 3 万3,552トン、グアテマラ11万3,532トン、ニカラグア 1 万3,718トンの実績がある（USDA［2019b］）。中米 3 か国産糖は、米国再輸出プログラムによる輸入量の約40％を占め、優遇されている(4)。

再輸出プログラムの適用を受ければ、TRQ のような価格上の優遇措置は適用されないものの、安定的な量の輸出先を確保できるというメリットがある。砂糖輸出国にとり、価格変動の激しい砂糖の国際市場において、米国の再輸出プログラムの適用を受け、輸出量が確保されるという利点は強調しておく必要があろう。砂糖輸出に大きく依存する国では、安定的な輸出先の確保が最大の優先事項である。それはかつて革命後のキューバが、主要な輸出先であった米国市場を失い、対日輸出に奔走したことでも推察できる（田中［2012］、ロメロ イサミ［2022］）。

（4）米国農務省の砂糖課長を長年務めたダン・コラチコ（Dan Colacicco）は筆者とのインタビューで、「中米産糖の特恵措置は、経済支援策の一環である」と明言している。インタビューは2020年 2 月24日、ワシントン特別区にある、ASA（American Sugar Alliance）本部で行った。

第4節　中米産糖成長要因の数量分析

(1)　回帰分析の概要とデータの出所

本節では中米3か国の糖業成長要因について、回帰式を用いて分析する。回帰式モデルは2本立てで、それぞれ供給関数と輸出関数と呼称することにした。供給関数の回帰モデルは、砂糖[(5)]生産量を被説明変数として、人口指数、粗糖輸出量、砂糖国際価格、GDP（国内総生産）成長率の四つの説明変数を用いた。

輸出関数の回帰モデルは、被説明変数に砂糖輸出量、説明変数に砂糖生産量、砂糖国際価格、砂糖在庫量のそれぞれを対数変換したものを用いた。砂糖は一般に下級財＝必需品と分類され、需要の所得弾力性は高くないと推定されているが、3か国の弾力性を計測し、確認した。

エルサルバドル、グアテマラ、ニカラグアの供給関数、輸出関数に使用したデータの出所は次のようである。砂糖（サトウキビ）生産量は国連食糧農業機関（Food and Agriculture Organization of the United Nations：FAO）データベース FAOSTAT（www.fao.org/faostat)、GDP は国連統計局のデータベース UNSD（https://unstats.un.org/）を利用した[(6)]。人口は国連人口統計データベース WPP（World Population Prospects, https://population.un.org/wpp）を、砂糖輸出量は国連ラテンアメリカ・カリブ経済委員会（Economic Commission for Latin America and the Caribbean：ECLAC）データベース CEPALSTAT（https://estadisticas.cepal.org/cepalstat/）を利用した。また砂糖国際取引価格は、米国農務省（United States Department of Agriculture：USDA）のホームページ（Foreign Agricultural Service, https/www.fas.usda.gov/

（5）ここでは砂糖生産量はサトウキビ生産量として扱う。砂糖生産量は、サトウキビからどれだけの糖分が抽出されるかに依存する。歩留まり率と呼ばれるもので、大体12～15%くらいである。なお参考までに述べておくと、日本では品質取引が行われていて、糖度により買い取り価格が異なる。このため栽培農家はできるだけ糖度の高いサトウキビ品種を栽培することになる。

（6）同データベースでは2010年実質価格・ドル表示を用いて、実質化している。

data/sugar-world-markets and trade）より入手した。砂糖在庫量と一人当たり消費量は、精糖工業会が編集し、株式会社精糖工業会館が発行する『砂糖統計年鑑』各年版を参照した。原資料は国際砂糖機関（International Sugar Organization：ISO）の発行する Sugar Year Book などであるが、ISO は民間団体であるため、統計資料は一般向けには公表していない[7]。

以下供給関数と輸出関数について、３か国に共通して使用した変数一覧を掲げる。

（2） 供給関数、輸出関数の回帰モデル

供給関数

砂糖生産量　Y：1,000トン（サトウキビ生産量）

人口指数　NINDEX：2010年基準

砂糖輸出量　EX：1,000トン

砂糖価格　P_{t-1}：期待価格。前年度データ。セント／ポンド。ニューヨーク先物 ICE11番

国内総生産成長率 GDP：%　2010年実質価格基準により算出

$$Y=A_0+A_1NIDEX+A_2EX+A_3P_{t-1}+A_4GDP+U$$

輸出関数

砂糖輸出量　EX：1,000トン

砂糖生産量　Y：1,000トン

砂糖価格　P_{t-1}：期待価格。前年度データ。セント / ポンド。ニューヨーク先物11番

砂糖在庫量　S_{t-1}：前年度期末在庫

（7）砂糖関連の統計を取り扱う際の難しさは、砂糖、粗糖、原料糖、精製糖などのデータが必ずしも統一されたものではないことである。例えば粗糖換算のデータは、民間の調査会社が独自の情報網を通じて算出し、そのプロセスは非公開である。また在庫量も、民間団体の作成した推定値である。

$$\ln EX = C + C_1 Y + C_2 P_{t-1} + C_3 S_{t-1} + U$$

上記二つの回帰式の計測結果と需要の所得弾力性の推計値は、以下のようである。

2-1　エルサルバドルの計測結果

供給関数：説明変数が四つある回帰分析結果は表4-5にある。

四つの変数を用いた回帰式では、被説明変数である砂糖生産量（Y）について、所得の増加（GDP%）が生産の増加につながるであろうという前提にもかかわらず、係数がマイナスとなった。そこでGDP%を除いた三つの変数で計測した結果が表4-6である。

回帰式全体の有意性を示す、有意F=P値は$1.43126/10^6$で、帰無仮説は棄却された。係数で判断すると、輸出が4.936と高い数値を示し、生産量との間に有意性のあることが推測される。人口と価格の係数は、t値から判断して有意性は確認できない。なおDW（ダービンワトソン比）は1.30011で判定不能である。

表4-5　ELS供給関数変数4

回帰統計	
重相関R	0.858981909
重決定R2	0.737849921
補正R2	0.69018627
標準誤差	596.1958658
観測数	27

分散分析表

	自由度	変動	分散	観測された分散比	有意F
回帰	4	22009929	5502482.259	15.4803484	3.66329E-06
残差	22	7819889.23	355449.5104		
合計	26	29829818.3			

	係数	標準誤差	t	P-値	下限95%	上限95%	下限95.0%	上限95.0%
切片	2888.675677	6313.02202	0.457574149	0.651745309	-10203.73068	15981.082	-10203.73068	15981.082
NINDEX	524.4769739	7193.57318	0.072909104	0.942537267	-14394.0807	15443.0346	-14394.0807	15443.0346
Ex	5.798367805	2.47556742	2.342237884	0.028624538	0.664355196	10.9323804	0.664355196	10.9323804
P_{t-1}	40.39188519	28.412048	1.421646378	0.169151074	-18.53109605	99.3148664	-18.53109605	99.3148664
GDP%	-9821.716795	8271.24298	-1.187453545	0.24771206	-26975.22484	7331.79125	-26975.22484	7331.79125

表４－６　ELS 供給関数変数３

回帰統計	
重相関 R	0.84914542
重決定 R2	0.72104794
補正 R2	0.68466288
標準誤差	601.486903
観測数	27

分散分析表

	自由度	変動	分散	観測された分散比	有意 F
回帰	3	21508728.9	7169576.301	19.81714746	1.43126E-06
残差	23	8321089.36	361786.494		
合計	26	29829818.3			

	係数	標準誤差	t	P-値	下限95%	上限95%	下限95.0%	上限95.0%
切片	-1130.09708	5376.49179	-0.210192282	0.835368509	-12252.21774	9992.02358	-12252.21774	9992.023583
NINDEX	4871.09557	6247.58002	0.77967718	0.443530519	-8053.008385	17795.1995	-8053.008385	17795.19953
Ex	4.93635066	2.38774199	2.067371886	0.0501311	-0.003069979	9.87577129	-0.003069979	9.875771291
P_{t-1}	25.9557885	25.9076035	1.001859878	0.32683577	-27.63817269	79.5497497	-27.63817269	79.54974973

輸出関数：輸出関数については、表４－７のような回帰分析の結果が得られた。

上記輸出関数の回帰式全体の有意性を示す、有意 F=P 値は$6.105/10^9$で、帰無仮説は棄却された。t 値から判断すると価格の係数の有意性は低く、生産量の係数は比較的高い数値となった。生産量が１％増加すると、輸出量は1.0862％増加すると推定される。

計測の結果、需要の所得弾力性は0.7614となり、一人当たり GDP１％の増加について、一人当たり砂糖消費量は0.7614％増加で、弾力性は低く、砂糖が必需品であることが確認できた[8]。

（８）弾力性の計測には EXCEL の SLOPE 関数を利用した。データについては付表参照。

表4－7　ELS輸出関数

回帰統計	
重相関 R	0.909601598
重決定 R2	0.827375068
補正 R2	0.804858772
標準誤差	0.233224652
観測数	27

分散分析表

	自由度	変動	分散	観測された分散比	有意 F
回帰	3	5.99619366	1.998731219	36.74561242	6.10509E-09
残差	23	1.25105598	0.054393738		
合計	26	7.24724963			

	係数	標準誤差	t	P-値	下限95%	上限95%	下限95.0%	上限95.0%
切片	-5.686219794	2.50614283	-2.268912899	0.032969016	-10.87057123	-0.501868356	-10.87057123	-0.501868356
生産量 lnY	1.086265103	0.33431753	3.24920179	0.00353659	0.394676609	1.777853596	0.394676609	1.777853596
価格 lnPt-1	-0.121583478	0.13539428	-0.897995685	0.378492529	-0.401667882	0.158500927	-0.401667882	0.158500927
在庫量 lnSt-1	0.393323371	0.08180099	4.808295955	7.50852E-05	0.22410513	0.562541612	0.22410513	0.562541612

2－2　グアテマラの計測結果

供給関数：説明変数4の回帰分析結果は表4－8のようである。

四つの変数を用いた回帰式では、被説明変数である砂糖生産量（Y）について、前年度の価格上昇（＝期待価格）が生産の増加につながるであろうという前提にもかかわらず、係数がマイナスとなった。そこで期待価格 P_{t-1} を除いた三つの変数で計測した結果が表4－9である。

回帰式全体の有意性を示す、有意 F=P 値は$3.55003/10^{12}$で、帰無仮説は棄却された。GDP%の t 値は1以下で、有意性は認められないが、Ex（輸出）と NINDEX（人口増加率）は比較的よくフィットしている。エルサルバドルと同様に、Ex の有意性の高いことが看取できる。DW は0.85で正の相関がある。

輸出関数：輸出関数については、以下のような回帰分析の結果が得られた。

上記輸出関数の回帰式全体の有意性を示す、有意 F=P 値は$2.59547/10^{11}$で、帰無仮説は棄却された。t 値から判断すると価格の係数の有意性は低

表4－8　GUT 供給関数変数4

回帰統計	
重相関 R	0.954380414
重決定 R2	0.910841974
補正 R2	0.894631423
標準誤差	2214.61867
観測数	27

分散分析表

	自由度	変動	分散	観測された分散比	有意 F
回帰	4	1102308571	275577142.7	56.18822066	3.1183E-11
残差	22	107899789	4904535.852		
合計	26	1210208359			

	係数	標準誤差	t	P-値	下限95%	上限95%	下限95.0%	上限95.0%
切片	-9160.108787	4729.31963	-1.936876655	0.065707532	-18968.1174	647.899827	-18968.1174	647.899827
NINDEX	19875.34926	9434.0975	2.106756822	0.046769673	310.228544	39440.47	310.228544	39440.47
Ex	8.487231304	2.87548187	2.951585746	0.007375773	2.523846894	14.4506157	2.523846894	14.4506157
P_{t-1}	-51.81895929	115.377971	-0.44912351	0.657735682	-291.0982261	187.460308	-291.0982261	187.460308
GDP%	30713.44658	40274.1669	0.76260911	0.453796256	-52810.06346	114236.957	-52810.06346	114236.957

表4－9　GUT 供給関数変数3

回帰統計	
重相関 R	0.953952047
重決定 R2	0.910024508
補正 R2	0.898288575
標準誤差	2175.846583
観測数	27

分散分析表

	自由度	変動	分散	観測された分散比	有意 F
回帰	3	1101319267	367106422.4	77.54172206	3.55003E-12
残差	23	108889092.1	4734308.353		
合計	26	1210208359			

	係数	標準誤差	t	P-値	下限95%	上限95%	下限95.0%	上限95.0%
切片	-8157.098632	4095.828907	-1.991562347	0.058424196	-16629.96627	315.769008	-16629.96627	315.769008
NINDEX	17240.58818	7258.948561	2.375080638	0.026265003	2224.308994	32256.8674	2224.308994	32256.8674
Ex	9.040755172	2.552487604	3.541938914	0.001740511	3.760532264	14.3209781	3.760532264	14.3209781
GDP%	28972.3393	39385.33411	0.735612378	0.469402439	-52502.43185	110447.11	-52502.43185	110447.11

表4-10　GUT 輸出関数

回帰統計	
重相関 R	0.944961249
重決定 R2	0.892951762
補正 R2	0.878988949
標準誤差	0.121490847
観測数	27

分散分析表

	自由度	変動	分散	観測された分散比	有意 F
回帰	3	2.831805555	0.943935185	63.9521365	2.59547E-11
残差	23	0.339480594	0.014760026		
合計	26	3.171286149			

	係数	標準誤差	t	P-値	下限95%	上限95%	下限95.0%	上限95.0%
切片 c	-2.655733028	1.225059008	-2.167840905	0.040766356	-5.189960667	-0.121505389	-5.189960667	-0.121505389
生産量 lnY	0.992955253	0.155656209	6.379156081	1.64836E-06	0.670955851	1.314954655	0.670955851	1.314954655
価格 lnP_{t-1}	-0.0977348	0.092782508	-1.053375284	0.303110107	-0.289670041	0.09420044	-0.289670041	0.09420044
在庫量 lnS_{t-1}	0.039325964	0.078128675	0.50334867	0.619505874	-0.122295513	0.200947442	-0.122295513	0.200947442

く、生産量の係数の有意性が比較的高い数値となった。生産量が１％増加すると、輸出量は0.9929％増加すると推定される。

計測の結果、需要の所得弾力性は0.8258となり、一人当たり GDP １％の増加について、一人当たり砂糖消費量は0.8258％増加となり、弾力性は低く、砂糖が必需品であることが確認できた。

2-3　ニカラグアの計測結果

供給関数：四つの説明変数の回帰分析結果は表４-11のようである。

四つの変数を用いた回帰式では、被説明変数である砂糖生産量（Y）について、前年度の GDP％（国内総生産成長率）が Y の増加になるであろうという前提にもかかわらず、係数がマイナスとなった。そこで GDP％を除いた３変数で計測した結果が表４-12である。

回帰式全体の有意性を示す、有意 F=P 値は$7.6919/10^{13}$で、帰無仮説は棄却された。GDP％の t 値は３説明変数ともに２以上で、有意性は認められる。Ex と NINDEX は比較的よくフィットしている。DW は1.574で正相関

表4-11　NIC供給関数変数4

回帰統計	
重相関 R	0.959905606
重決定 R2	0.921418772
補正 R2	0.907131276
標準誤差	447.6543567
観測数	27

分散分析表

	自由度	変動	分散	観測された分散比	有意 F
回帰	4	51694764.2	12923691.05	64.49127106	7.85635E-12
残差	22	4408677.31	200394.423		
合計	26	56103441.5			

	係数	標準誤差	t	P-値	下限95%	上限95%	下限95.0%	上限95.0%
切片	-3667.875098	1224.34243	-2.995791881	0.006659234	-6207.005881	-1128.744316	-6207.005881	-1128.744316
NINDEX	7102.711468	1639.82128	4.331393638	0.000268537	3701.930275	10503.49266	3701.930275	10503.49266
EX	4.745812729	1.53986915	3.081958436	0.005450032	1.552319562	7.939305896	1.552319562	7.939305896
P_{t-1}	44.41610979	21.3054234	2.084732556	0.048911745	0.231366001	88.60085359	0.231366001	88.60085359
GDP%	-708.7410262	3439.90227	-0.206035221	0.838658141	-7842.661706	6425.179654	-7842.661706	6425.179654

表4-12　NIC供給関数変数3

回帰統計	
重相関 R	0.95982662
重決定 R2	0.92126714
補正 R2	0.91099764
標準誤差	438.236791
観測数	27

分散分析表

	自由度	変動	分散	観測された分散比	有意 F
回帰	3	51686257.4	17228752.46	89.70903019	7.69188E-13
残差	23	4417184.15	192051.4849		
合計	26	56103441.5			

	係数	標準誤差	t	P-値	下限95%	上限95%	下限95.0%	上限95.0%
切片	-3720.9453	1171.76027	-3.17551755	0.00421812	-6144.916099	-1296.974501	-6144.916099	-1296.974501
NINDEX	7146.71425	1591.6502	4.490128698	0.000165905	3854.134945	10439.29355	3854.134945	10439.29355
EX	4.74600679	1.50747375	3.148318041	0.004500462	1.627559754	7.86445383	1.627559754	7.86445383
P_{t-1}	43.3286628	20.2070776	2.14423202	0.042812812	1.527137958	85.13018769	1.527137958	85.13018769

はない。

輸出関数：輸出関数については、表４-13のような回帰分析の結果が得られた。

回帰式全体の有意性を示す、有意Ｆ=Ｐ値は$1.00383/10^7$で、帰無仮説は棄却される。ｔ値は価格、在庫量ともに２をかなり下回っていて、有意性は認められない。エルサルバドル、グアテマラと同様に、輸出量と生産量の相関係数の有意性は高い。

計測の結果、需要の所得弾力性は0.3046となり、一人当たりGDP１％の増加について、一人当たり砂糖消費量は0.3046％増加となり、弾力性は他の中米２か国と比較してかなり下回る。ニカラグアは所得水準が低いため、弾力性は相対的に高いことが予想され、齟齬が生じていて、より詳細な検討が必要であろう。

以上エルサルバドル、グアテマラ、ニカラグアの砂糖供給関数、輸出関数を簡便な回帰分析を用いて計測した。所得、人口、価格の３説明変数は、そ

表４-13　NIC 輸出関数

回帰統計	
重相関 R	0.882762685
重決定 R2	0.779269959
補正 R2	0.750479084
標準誤差	0.286605805
観測数	27

分散分析表

	自由度	変動	分散	観測された分散比	有意 F
回帰	3	6.66997628	2.223325428	27.06656052	1.00383E-07
残差	23	1.88928641	0.082142887		
合計	26	8.55926269			

	係数	標準誤差	t	P-値	下限95%	上限95%	下限95.0%	上限95.0%
切片	-8.182187293	1.64203355	-4.982959873	4.86562E-05-11.57899249	-4.785382092	-11.57899249	-4.785382092	
生産量 lnY	1.641169077	0.23656294	6.937557711	4.51329E-07	1.151801342	2.130536812	1.151801342	2.130536812
価格 $\ln P_{t-1}$	-0.200182549	0.19431592	-1.030191206	0.313632611	-0.60215565	0.201790552	-0.60215565	0.201790552
在庫量 $\ln S_{t-1}$	0.038690323	0.08913569	0.434060957	0.668288796-0.145700902	0.223081548	-0.145700902	0.223081548	

れほどの有意性は見られなかった。説得力のある原因変数は、生産と輸出の2変数である。

ここで改めて指摘しておきたいのは、第3節で見たように、中米諸国が輸出先を多角化していることで、対米輸出比率はほぼ一定であるのに比して、近年中国向けの砂糖輸出がかなり速いスピードで増加している。これには台湾と中国をめぐる両国間の外交攻勢が影響している可能性も排除できない。定量分析と定性分析の双方を駆使した地域研究のアプローチが、有効な分析手段になる余地があるだろう。

結びに代えて

本稿では中米3か国の糖業が、過去30年間以上にわたり安定的に成長してきた要因について分析した。第1節から第3節はもっぱら定性分析により、砂糖生産の特徴、砂糖貿易、米国の砂糖保護主義と関税割当制などを扱った。

中米諸国の太平洋岸平地地帯は、サトウキビ生産の耕作適地で、対米輸出を主眼としつつも、輸出先の多角化を図ってきた。近年は、中国向けの輸出が増加している。砂糖は南側と北側両諸国が生産する国内消費向けであると同時に輸出農産品でもあり、ウルグアイ・ラウンドでは特例的に一定の保護措置が認められた。

かくして大規模輸出国による過度の自由化要求は、レギュレート（＝調整）されてきた[9]。中米糖業成長の根因の一つには、このような調整された市場の持つ特性が生かされているのではなかろうか。中小規模の生産国である中米諸国にとり、砂糖は参入しやすい商品作物と思われる。

第4節は定量分析に充てた。被説明変数をそれぞれ砂糖生産量、砂糖輸出量とする供給関数、輸出関数モデルを作成した。砂糖の消費・所得弾力性は低いことを確認したうえで、簡便な回帰分析の結果、人口・所得・価格の各

（9）社会科学における、過度の新自由主義的な思考への警鐘を促す著作として、西川・八木・清水編［2007］、本山編著［2006］などがある。

説明変数と比べると、生産と輸出の説明変数の有意性が高いことが明らかとなった。回帰分析の精度を上げるために、タイムトレンドなどの手法も必要となろう。しかし、供給と輸出のいずれについても、輸出と生産との相関関係のあることは明白である。回帰分析はこの点を数量的に検証する有効な分析方法である。

これからの研究課題としては、バリュー・チェーン（川下）の展開[10]、中国、台湾との貿易動向、気候変動による干ばつ被害にサトウキビ栽培はどのように対処しているのか、といった点がある。限られた研究環境の下ではあるが、取り組んでいきたい。

エルサルバドル　ラム酒工場　（筆者撮影）

(10)　砂糖の場合、バリュー・チェーンの最終段階で高付加価値の期待できる製品は、アルコール飲料である。一例としてエルサルバドルの精製糖企業 La Cabaña はラム酒の製造に進出した。ブランド名は CIHUATÁN である。筆者は2019年９月、同社のラム酒蒸留工場を訪問したが、関係者は対中国向け輸出に注力していると語っていた。その後、中米域内の各地の空港内の売店で、CIHUATÁN を見かけるようになった。Flor de Caña のブランド名で有名な、ニカラグア産ラム酒とともに、銘酒入りが待ち望まれる。

付表

年	砂糖 Pt- 1 価格 t-1	ELS サトウキビ 生産量 千トン PROD 1000 ton	輸出 千トン EX 1000ton	人口 千人	GDP 2010 千ドル	在庫 t-1 千トン Stock 1000 ton
1991	9.09	4,038.0	80.3	5,342.2	11,462,747	121.1
1992	9.07	4464.0	164.0	5,416.3	12,267,208	92.0
1993	9.74	3,763.0	109.2	5,490.5	12,981,066	41.0
1994	11.37	3,564.3	119.8	5,561.9	13,589,850	86.0
1995	12.82	3,515.3	91.3	5,628.6	14,233,324	73.6
1996	11.50	4,908.5	97.6	5,689.9	14,349,707	109.5
1997	10.98	5,169.9	174.0	5,746.3	14,799,562	144.0
1998	9.87	5,561.1	245.5	5,797.8	15,192,368	142.3
1999	6.53	5,306.6	219.3	5,844.8	15,520,601	136.9
2000	7.28	5,140.3	256.0	5,887.9	15,695,372	261.4
2001	9.04	4,877.2	311.0	5,927.0	15,833,071	324.3
2002	6.35	4,528.2	221.0	5,962.1	16,083,370	300.6
2003	7.29	4,531.5	266.0	5,994.1	16,334,629	313.9
2004	6.51	5,280.4	253.0	6,023.8	16,480,136	342.9
2005	9.08	4,404.9	350.0	6,052.1	16,926,330	396.4
2006	14.85	4,878.0	294.0	6,079.4	17,661,423	453.6
2007	10.29	4,956.5	267.0	6,105.8	17,990,028	431.3
2008	11.73	5,249.9	301.0	6,131.8	18,372,716	505.7
2009	14.91	5,736.1	300.0	6,157.7	17,989,940	575.4
2010	21.01	5,126.7	371.0	6,183.9	18,447,920	546.6
2011	28.42	5,832.0	334.0	6,210.6	19,151,756	651.6
2012	22.94	6,487.4	374.0	6,237.9	19,690,779	662.4
2013	17.99	7,163.0	449.0	6,266.1	20,130,994	806.2
2014	16.79	6,782.8	447.0	6,295.1	20,475,490	870.3
2015	13.42	6,578.5	517.0	6,325.1	20,965,884	502.3
2016	16.59	7,202.1	370.9	6,356.1	21,491,594	404.0
2017	17.41	7,155.7	494.7	6,388.1	21,987,607	305.8

付表

砂糖１人消費量 Kg	GUT サトウキビ生産量 千トン PROD 1000 ton	輸出 千トン EX 1000ton	人口 千人	GDP 2010千ドル	在庫 t-1 千トン Stock 1000 ton	１人消費量 kg
28	10,799	672	9,483	20,613,105	129	37
21	11,308	703	9,709	21,610,437	120	38
30	11,741	740	9,939	22,459,108	196	39
32	11,862	693	10,172	23,365,050	310	40
33	15,444	867	10,408	24,521,281	273	39
36	15,583	796	10,647	25,246,566	208	34
39	17,687	1,033	10,888	26,348,349	289	35
39	18,189	1,342	11,134	27,664,061	310	39
38	17,013	1,146	11,387	28,728,315	213	47
38	16,552	1,267	11,651	29,765,082	303	41
39	16,935	1,130	11,925	30,459,375	311	42
32	17,490	1,360	12,209	31,637,125	101	44
33	17,400	1,386	12,500	32,437,794	251	48
33	20,000	1,155	12,797	33,460,260	363	47
35	18,008	1,287	13,096	34,551,101	705	52
35	17,632	1,332	13,397	36,409,873	495	49
33	20,312	1,295	13,700	38,705,172	578	54
33	20,312	1,297	14,006	39,975,120	724	47
33	21,526	1,594	14,316	40,185,406	890	53
35	22,314	1,743	14,630	41,338,522	891	44
39	20,586	1,290	14,949	43,059,051	868	47
39	24,290	1,532	15,271	44,337,844	908	45
42	26,914	1,932	15,596	45,977,273	1,217	45
51	33,239	2,117	15,923	47,896,442	1,349	45
50	33,869	2,138	16,252	49,879,376	1,386	45
50	33,533	2,078	16,583	51,421,887	1,319	48
44	33,758	1,903	16,915	52,841,306	1,400	49

付表

NIC サトウキビ生産量 千トン PROD 1000 ton	輸出 千トン EX 1000ton	人口 千人	GDP 2010千ドル	在庫 t-1 千トン Stock 1000 ton	1 人消費量 kg
2,747	111.0	4,268	4,691,681	105	35
2,563	87.0	4,365	4,848,276	92	33
2,244	56.0	4,462	5,134,902	85	35
2,593	55.0	4,559	5,460,674	89	35
3,198	95.0	4,652	5,677,279	36	35
3,650	121.9	4,742	5,888,002	29	39
3,751	194.5	4,828	6,302,280	28	37
3,459	151.0	4,911	6,560,774	71	44
3,687	111.0	4,991	6,755,028	55	35
3,524	188.0	5,069	6,805,957	55	31
3,145	184.0	5,145	6,977,517	111	31
3,119	154.0	5,219	7,348,174	177	31
4,101	117.0	5,292	7,662,852	149	36
4,027	195.0	5,365	7,981,019	217	37
3,817	276.0	5,439	8,386,164	131	40
4,505	214.0	5,514	8,674,289	166	40
4,481	238.0	5,590	8,388,674	168	38
4,305	133.0	5,667	8,758,622	184	39
5,116	140.0	5,746	9,311,877	235	41
4,894	272.0	5,824	9,916,789	362	37
5,443	273.0	5,903	10,405,399	522	37
6,732	344.0	5,983	10,903,345	285	39
6,728	363.0	6,062	11,425,862	182	41
6,998	455.0	6,143	11,947,241	157	42
6,376	399.0	6,223	12,505,832	162	43
6,150	280.0	6,304	12,028,645	138	43
7,096	388.0	6,385	12,505,832	70	42

参考文献

日本語文献

沖浜守［1990］「砂糖」平島成望・浜渦哲雄・朽木昭文編『一次産品入門』アジア経済研究所。

桑山幹夫［2018］「移民の経済学—中米移民の動向と郷里送金の重要性—」『ラテンアメリカ時報』第1424号、8-11ページ。

斎藤高宏［1979］『農産物貿易と国際協定—相互依存経済への模索—』御茶の水書房。

精糖工業会編［2015］『砂糖』精糖工業会。

田中高［1997］『日本紡績業の中米進出』古今書院。

田中高・野村友和［2006］「中米の経済統合と輸出競争力」『ラテン・アメリカ論集』第40号、79-96ページ。

田中高［2012］「日本・キューバ貿易と米国の対日政策—1960年代、キューバ糖貿易をめぐる3カ国の外交姿勢とナショナリズム—」『国際政治』第170号、61-73ページ。

田中高［2016a］「第48章　従業員1万人の日系企業—矢崎総業レオン工場—」田中高編著『ニカラグアを知るための55章』明石書店。

田中高［2016b］「日本製糖業の現状と課題について—縮小する市場と経営環境—」『産業経済研究所紀要』第26号、37-60ページ。

田中高［2017］「日本製糖業の直面するいくつかの課題について—糖価調整法の行方—」『産業経済研究所紀要』第27号、1-25ページ。

田中高［2024］「米国の農産品保護政策—砂糖の事例—」『産業経済探究』第7号、55-72ページ。

千葉泰雄［1987］『国際商品協定と一次産品問題』有信堂高文社。

手塚真［2005］「米国農業政策における砂糖政策の現状と位置づけ及びNAFTA10年の経験」『平成16年度米州地域食料農業情勢調査分析検討事業報告書』1-18ページ、国際農林業協力交流協会。

西川潤・八木尚志・清水和巳編［2007］『社会科学を再構築する—地域平和と内発的発展—』明石書店。

西島章次・細野昭雄編著［2004］『ラテンアメリカ経済論』ミネルヴァ書房。

農畜産業振興機構編［2012］『変貌する世界の砂糖需給』農林統計出版。

農畜産業振興機構［2015］「拡大するグアテマラの砂糖産業」『砂糖類・でん粉情報』(https://www.alic.go.jp/joho-s/joho07_001125.html)。

農畜産業振興機構［2023］「グアテマラの砂糖産業の動向およびSDGsに関する取り組み」『砂糖類・でん粉情報』2023年5月号、62-74ページ。
農林水産省［2019］「米国の農業政策」(http://www.maff.go.jp/j/kokusai/kokusei/kaigai_nogyo/k_seisaku/usa.html)。
服部信司［2016］『アメリカ2014年農業法―収入保障・不足払い・収入保険の3層構造―』農林統計協会。
バルマー＝トーマス、ビクター（田中高・榎股一索・鶴田利恵訳）［2001］『ラテンアメリカ経済史―独立から現代まで―』名古屋大学出版会。
日高秀昌・岸原士郎・斎藤祥治編［2009］『砂糖の事典』東京堂出版。
細野昭雄・遅野井茂雄・田中高［1987］『中米・カリブ危機の構図』有斐閣。
ミンツ、シドニー・W（川北稔・和田光弘訳）［1988］『甘さと権力―砂糖が語る近代史―』平凡社。
本山美彦編著［2006］『世界経済論―グローバル化を超えて―』ミネルヴァ書房。
唯是康彦［2000］『Excelで学ぶ計量経済学入門』東洋経済新報社。
ロメロ イサミ［2022］「日本とキューバ革命――九五九年のゲバラ使節団―」『国際政治』第207号、97-112ページ。

定期刊行物
『糖業年鑑』貿易日日通信社　各年版
『砂糖統計年鑑』精糖工業会館　各年版

外国語文献
Alexander, Colin R.［2014］*China and Taiwan in Central America: Engaging Foreign Publics in Diplomacy*, Palgrave Macmillan.
Anderson, Kym［2010］*Krueger/Schiff/Valdés Revisited: Agricultural Price and Trade Policy Reform in Developing Countries since 1960*, Policy Research Working Paper 5165, The World Bank.
ASAZGUA (Asociación de Azucarero de Guatemala)［2019］*Evolución de la Agroindustria Azucarera de Guatemala* (https://www.azucar.com.gt/).
Ballinger, Roy A.［1979］*A History of Sugar Marketing Through 1974*, U.S. Department of Agriculture, Economics and Cooperative service, Agricultural Economic Report No.382.
CENGICAÑA (Centro Guatemalteco de Investigación y Capacitación de la Caña

de Azúcar) [2019] *Informe Anual 2017-2018* (https://cengicana.org/files/20190206).

CONSAA (Consejo Salvadoreña de la Agroindustria Azucarera) [2018] *Memoria de Labores: 01 noviembre 2017 al 31 de octubre 2018*, (https://transparencia.go.sv.document.dowanload).

de Sola, Lucía [2009] *Historia del azúcar en El Salvador*, Asociación de Azucarera de El Salvador.

de Vríes, Jos [1980] *The World Sugar Economy: An Econometric Analysis of Long Term Developments*, Staff Commodity Working Paper No. 5, The World Bank.

FAO (Food and Agriculture Organization) [2002] Agricultural Commodities: Profile and relevant WTO negotiating Issues (http://www.fao.org/3/Y4343E/y4343e00.htm).

ISO (International Sugar Organization) [2019] *About Sugar* (https://www.isosugar.org/sugarsector/sugar).

Johnson, Gale D. [1974] *The Sugar Program: Large costs and Small benefits*, American Enterprise Institute for Public Research, Evaluation Studies 14.

Koo, Won W., Richard D. Taylor and Jeremy W. Mattson [2003] *Impacts of the U.S.- Central American Free Trade Agreement on the U.S. Sugar Indostry*, Special Report03-3, Center for Agricultural Policy and Trade Studies, Department of Agribusiness and Applied Economics, North Dakota State University.

Kennedy, P. Lynn and Andrew Schmitz [2009] "Production Response to Increased Imports: The case of U.S. Sugar," *Journal of Agricultural and Applied Economics*, Vol.41, Num.2, pp.777-789.

Krueger, Anne O. [1988] *The Political Economy of Controls: American Sugar*, NBER Working Paper Series, Working Paper No.2004, National Bureau of Economic Research.

Lewin, Alexandra C. [2007] *CAFTA's Impact on U.S. Raw Cane Sugar Trade*, Case Study #10-4 of the program: The Role of Government in the Global Food System, Cornell University.

Maskus, Keith E. [1989] "Large Costs and Small Benefits of the American Sugar Programme," *The World Economy*, Vol.12, No.1, pp.85-104.

Porter, Eduardo [2018] "International game of chicken," *The New York Times*, March 15.

Rodrik, Dani [2011] *The Globalization Paradox: Why Global Markets, States, and Democracy Can't Coexist*, Oxford University Press.

USDA (United States Department of Agriculture) [2019a] *Sugar: World Markets and Trade*, Foreign Agricultural Service (https://www.fas.usda.gov/data/sugar-world-markets-and-trade).

USDA [2019b] *Policy*, Economic Research Service (https://ers.usda.gov/topics/crops/sugar-sweetners/policy.aspx).

USDA [2019c] *Guatemala: Sugar Annual*, Foreign Agricultural Service (https://www.fas.usda.gov/data/guatemala-sugar-annual-4).

U.S. Department of State [2019]『米国の歴史の概要―独立への道―』アメリカンセンター (https://americancenterjapan.com/aboutusa/translation/3474/).

謝辞

本稿の一部は、2019年11月16日獨協大学で開催された、第56回ラテン・アメリカ政経学会全国大会にて「中米産糖に関する数量分析―エルサルバドル、グアテマラ、ニカラグアの事例―」(討論者清水達也) として報告した。浜口伸明、村上善道の両氏からは、回帰分析に関する具体的なアドバイスを頂戴した。改めてお礼申し上げる。

最後に、長年にわたり職場を共にし、計量経済学の基本的な考え方を折に触れてご教示いただいた戸田優男中部大学名誉教授に、感謝の意を表したい。文中にある誤りの責任はすべて執筆者にある。

第5章

ハバナ憲章（1947年）とキューバ砂糖外交

――ITO（国際貿易機関）会議はなぜハバナで開催され、日本はハバナ憲章をどのように受け止めたのか――

はじめに

1947年11月から48年3月、キューバの首都ハバナで国連貿易雇用会議（United Nations Conference on Trade and Employment）が開催された。同会議は一般にはハバナ会議（The Havana Conference）として知られている。国際貿易機関（International Trade Organization：ITO）[1]の設立が主な議題であったが結局実現しなかった。このとき採択されたものの批准されず、発効には至らなかったITO設立文書は、ITO憲章あるいはハバナ憲章（The Havana Charter）と呼ばれる。その過程で暫定的に成立した貿易と関税に関する一般協定（General Agreement on Tariffs and Trade：GATT）が1995年まで存続し、現在の世界貿易機関（World Trade Organization：WTO）となったことは、あまねく知られている（佐分［1978］、ジャクソン［1990］、山本［2019］、Bronz［1949］, Diebold［1952］）。

ハバナ会議とハバナ憲章は、大戦後の国際経済の復興・成長について国連が主導する国際会議の固有名詞として歴史に刻まれ、記憶されることになった。当時占領下にあった日本の外務省もハバナ会議には大きな関心を寄せ、詳細な分析をしていた。また高等学校の教科書などでも大きく取り上げた。大戦後の国際経済体制を形成するうえで、国際通貨基金（International Monetary Fund：IMF)、世界銀行と並んで、自由・無差別・多国間の貿易体制を構築するべく、ITOの設立をめぐってハバナで激論が交わされた。しかし

（1）国際貿易機関、国際貿易機構という二つの名称が混在しているが、本稿では外務省訳である国際貿易機関を使用する。

なぜハバナで開催することになったのかについて説明する文書は、管見の限り見当たらない。本章ではこの素朴な疑問に、キューバが米国の至近距離に位置するという物理的な条件以上に、キューバ砂糖外交（1931年チャドボーン合意、1937年砂糖国際協定など）の経験値（＝信頼醸成）と米国との砂糖をめぐる重層的な経済依存関係から生まれた外交交渉能力があったからではないか、という仮説を提示する。

ハバナ憲章は参加国58か国のうち、アルゼンチンとポーランドの２か国を除いた56か国が合意文書に署名し成立した（GATT［1953：1-2］）。当時の貿易をめぐる白熱した議論を考慮すると、これだけ多くの国が合意したことだけでも、大きな成果と言えるのではなかろうか。もし開催地がハバナではなく、国連事務局の仮本部の置かれていたニューヨーク州レーク・サクセス（Lake Success）であったならば、ハバナ憲章は成立していただろうか、という問いにも最後に触れる。

キューバは途上国であると同時に、対米砂糖輸出と米国からの工業製品輸入、観光地として実質的な経済圏に包摂されていた。超大国である米国への政治経済面の依存関係はあったが、キューバ砂糖外交の軌跡をたどると、独自の経済外交を志向していた面もうかがえる。国連本部事務局が当初強力に、会議開催地としてレーク・サクセスを推挙していたにもかかわらず、直前になってハバナに変更した背景には、単に開催地を移したという物理的次元にとどまらない、先進国・途上国（その多くはラテンアメリカ諸国）間の戦後のあるべき国際経済秩序をめぐる、現代の貿易・通商問題にも通底する根本的な考え方の対立があったのではないか、という点についても言及する。さらにハバナ会議とハバナ憲章に関して、当時の日本外務省公文書、高等学校教科書の記述を紹介し、どのように受け止め、評価していたのかも検討する。

第１節　開催地がハバナに決まるまでの経緯

国連経済社会理事会（United Nations Economic and Social Council：ECOSOC）は1946年２月の第１回総会にて、国際貿易雇用会議の開催を決議した。そのための第1回準備委員会は1946年10月から11月までロンドン、第2回準備委員会は1947年4月ジュネーブで開かれた。GATTの暫定的な運用が決まったのは、第2回準備委員会の場である。この間国際貿易機関設立草案を作成するための起草委員会が、1947年1～2月、ニューヨークで開催された。準備委員会のメンバーは、豪州、ベルギー、ブラジル、カナダ、チリ、中国、キューバ、チェコスロバキア、フランス、インド、南アフリカ、ソ連（招待状は発出したが欠席）、英国、米国である。第1回準備委員会では、キューバ代表のアルバレス（Alberto Inocente Álvarez）外相が副議長を、第2回準備委員会ではキューバ代表のクラーク（Sergio I. Clark）が第二副議長を務めた（ECOSOC［1946：1］, ECOSOC［1947b：6］）。

第1回準備委員会がロンドンで開催される直前、米国はITO設立原案（Suggested Charter for an International Trade Organization of the United States of America）を作成し、参加国に配布していた（DOS［1946］）。

会議の名称を今日使い慣れている開発ではなく雇用とした背景には、大戦中に顕在化していた英国の経済的苦境があった。ケインズ経済学の影響もあったのであろう。ITOの目指す自由・無差別原則・多国間とは別個に、しかし同等に、雇用の問題がITOの設立目的として扱われていた。英国・米国の間で、雇用の問題がいかに重要視されていたかを反映している。主要工業国や貿易国は、自由な国際取引を推進し国際貿易を拡大させ、ほぼ完全に近い雇用の実現を達成し維持することが、国際経済秩序に不可欠であると認識していた（ガードナー［1973：241-242］）。しかしこれはあくまでも先進国を中心にした視点である。ラテンアメリカ諸国は、途上国はまず工業化を推し進めることが肝要で、そのためにはある程度の貿易上の保護措置や制限が必要で、完全雇用はそのような工業化の結果であると認識していた。

このように米国政府作成のITO設立原案は途上国の開発問題への配慮が不足し、豪州、インド、中国、レバノン、ブラジル、チリなどが激しく反発して、会議そのものが頓挫するところであった。途上国は輸入代替工業化のために不可欠な、先進諸国からの工業製品の輸入制限を求めていた（Fakhri［2014：154］）。米国は途上国側の反発を受けて、新たに開発に関する一つの章を追加した。しかし国内産業振興のために輸入制限を設けるのは例外措置であり、事前承認を必要としたために、途上国はこれにも反発した。英国・米国を中心とする先進国と途上国の対立は、ジュネーブ開催の第２回準備委員会においても継続した。さらにハバナ会議でも対立の溝は容易に埋まらなかったが、紆余曲折の末ハバナ憲章の合意にこぎつけることはできた。周知のように結局各国の批准が得られずハバナ憲章は廃案となったのである。

本章の主たる関心は、ハバナ宣言が挫折してしまった原因を分析することではなく、会議がなぜハバナで開かれたのか、という点にある。前者に関しては数多くの先行研究があるが、後者に関しては管見の限り検証した論稿は見当たらない。そこで行論の上から、以下国連公文書に依りながら、開催地決定までの経緯を時系列で見てみよう。1947年６月９日付文書では、国連貿易雇用会議の開催日と場所について概要次のように述べている（ECOSOC [1947b]）。

> 各国の批准が必要であり、早期に開催しないとITO設立に遅れが生じるので、準備委員会の報告書提出後速やかに開催することが望ましい。もしレーク・サクセス（1950年にニューヨーク国連本部が完成するまで、暫定的に国連本部が置かれていた――引用者注）で開催するのであれば、国連経済社会理事会決議後１か月以内に開催可能で、会議サービスは国連が提供する。レーク・サクセス、ジュネーブ以外の開催は、追加的な支出が必要になる。準備委員会事務局として、1947年11月21日、ニューヨーク州レーク・サクセスでの開催を勧告する。

1947年７月２日付準備委員会報告書は開催日・場所について要旨以下のように述べている（ECOSOC [1947c]）(2)。

> 国連経済社会理事会は、本準備委員会に対して開催日と場所に関し、次の点について考慮するように指示した。準備委員会の作業終了後直ちに開催することが望ましく、11月21日とする。開催地は西半球の適当な場所とする。

（2）ECOSOC [1947c] は部外秘（Restricted）扱いで草案（DRAFT）と明記され、1947年７月７日開催の準備委員会に裁可のため提出されると書かれてある。ECOSOC [1947d] はECOSOC [1947c] とほぼ同じ内容で、開催地ハバナ決定とある。なおECOSOC [1947e] は、ECOSOC [1947d] の部外秘扱いを解除（Unrestricted）する内容の通達文書である。

いっぽうキューバ政府から寛大な申し出があった（付属文書C参照）。準備委員会は国連本部からのレーク・サクセス開催の示唆を検討したが、これを拒否（reject）する。レーク・サクセスは開催場所と宿泊施設が離れていて、移動に時間と費用を要する。日常的に非公式に会合する場が必要だが、不十分である。上記の理由によりレーク・サクセスはふさわしくない。キューバ政府は会議場、宿泊施設などの追加的費用を負担すると表明している。

1947年7月28日付文書では、国連経済社会理事会決議として、国連貿易雇用会議開催地がキューバ政府の招致によりハバナに決まり、開催日程は1947年11月21日で、キューバ政府の「会場施設の提供と、国連本部から離れた場所で開催されることで発生する、国連の追加的費用を負担する」という申し出を受け入れた、と明記している（ECOSOC［1947d］）。

1947年10月9日付文書では、キューバ代表団長クラーク名で、ハバナ会議に関するハバナ側の準備状況について、国連と密接に連絡を取りながら進めている。ホテルの予約、家具付きあるいは無しのアパートメントの手配、汽船、鉄道、航空券の予約手配、オフィスの賃貸について対応する。すべての問い合わせは、国連貿易雇用会議賛助委員会（Comisión Auxiliar de la Conferencia de las Naciones Unidas）まで迅速にお願いする、という国連文書を回付した（ECOSOC［1947f］）。

当初の国連事務局サイドの提案する、レーク・サクセス開催予定を覆して、ハバナに変更した背景にはどのような事情があったのであろうか。7月2日付文書付属文書Cには、変更の理由としてレーク・サクセスとすることで発生する会場スペースの狭小、宿泊施設から会場までの移動時間など、ロジスティクスのマイナス面が強調されている。果たしてそれだけが理由だったのだろうか。各国代表団が滞在すると予想されるニューヨーク・マンハッタンからレーク・サクセスまでは自動車で30分弱であるし、もとよりハバナの宿泊施設、会議場がレーク・サクセスをしのぐものか、当時の会議参加者には未知だったのではなかろうか。この変更にはおそらくもっと別の重大な事情があったととらえるのが、自然ではなかろうか。

まずここで確認しておきたいのは、先にも触れたがITOの設立を目指した国連貿易雇用会議開催に至るまでに開かれた、準備委員会における先進国

（米国・英国）と途上国（主にラテンアメリカ諸国、豪州など）との対立である。米国が主張する無差別原則に基づく自由貿易体制が、保護貿易のもとで輸入代替工業化を進める途上国にとり、受け入れ難い内容であること。貿易の拡大は経済発展の要因ではなく結果であると主張する途上国には、最恵国待遇の原則は、国家が等しく発展していれば正当・公平であるが、そうなっていないのが現状である。ラテンアメリカ諸国を中心とする途上国は、海外直接投資は受け入れ国の利益を保護するためには、政府が規制できることが肝要であると主張した。しかし特に米国のビジネス界がこれに強く異議を唱え、米国政府（＝国務省サイド）は交渉の場で躊躇することになる（佐分［1978：140-142］、Bronz［1949：1110-1111］, Diebold［1994：339-340］）。

このようにITO設立をめぐる準備委員会の席ですでに、先進国と途上国間の南北問題の議論が白熱していたが、キューバがこれにどのようにかかわっていたのか、以下見ていくことにしたい。戦前の国際砂糖協定へのキューバの取り組みの足跡を見ると、そこに独自の外交路線のあったことを看取できる。本章の仮説は、そうしたキューバ砂糖外交の経験値と信頼醸成が、レーク・サクセスからハバナへの会議開催地変更の背景にあったのではないか、ということである。

取り上げるのは1929年に始まる大恐慌の時期に、砂糖生産国の間で結ばれたチャドボーン合意（Chadbourne Agreement）と1937年国際砂糖協定（International Agreement Regarding the Regulation of Production and Marketing of Sugar）成立のプロセスで果たした、キューバの主導的な役割である。

第2節　チャドボーン合意[3]

チャドボーン合意は1931年に成立した。参加したのは、キューバ、ベルギー、チェコスロバキア、ドイツ、ハンガリー、オランダ領ジャワ（以下ジャワ）、ペルー、ポーランド、ユーゴスラビアの9か国である。参加国を

（3）1931年国際砂糖合意（The International Sugar Agreement 1931）と呼ばれることもある。なお砂糖の国際的な取り決めの先行例として、1903年ブリュッセル合意（The Brussels Sugar Convention）がある。詳細はTaylor［1909］。

合計すると世界の砂糖輸出量の約50%を占めていた。同合意に大きな利害関係を有していた米国は、反トラスト法に抵触することを恐れて、不参加であった。また植民地との間で砂糖特恵関税を有していた英国とフランスも参加しなかった。

チャドボーン合意成立の直接のきっかけは、1929年大恐慌時の、米国の国内農業保護政策である。当時米国とキューバとの間には特恵措置[4]により、毎年定められた量のキューバ産糖の輸入割当が配分されていた。また砂糖の輸入価格は国際取引価格よりも高い、米国内産糖価のレートが適用された。キューバの砂糖輸出量は1929年から32年の間に70%減少し、砂糖労働者の収入は三分の一から四分の一にまで下落した（Dye and Sicotte［2006］, Swering［1949］）。かくしてキューバ経済は悲惨な状況に置かれた。労働運動も活発化し、社会的緊張が増し、政治的にも不安定な時期を迎えた。1925年から8年間続いたマチャード（Gerardo Machado y Morales）政権の後、1933年からはグラウ（Ramón Grau San Martín）、メンディエタ（Carlos Mendieta Montefur）、バルネット・イ・ビナヘラス（José Agripino Barnet y Vinageras）の各政権は1年未満の短命に終わった（表5-1参照）。

留意すべきは、この時期米国系資本と関係するスペイン系キューバ人などが、キューバの砂糖産業に大規模に投資していたことである。米国資本の銀行は砂糖栽培、精糖業、砂糖資産に多額の資金を支出し、キューバの政治家も利害を共有した（McAvoy［2003］）。

チャドボーン合意成立までの経緯は以下のようである（以下特に断りのない限りDye and Sicotte［2006］, Swering［1949］による）。最初のステップとして1930年8月、ニューヨーク在住の米国人弁護士チャドボーン（Thomas Lincoln Chadbourne）の呼びかけで、キューバとハワイを除く米国のすべての本土、島部の砂糖生産地の代表が集まり、キューバ糖の輸入割当について話し合った。チャドボーン自身がキューバの砂糖産業に投資していたということも背景にあり、米国内糖の生産量と輸入量の調整を試みた。興味深いの

（4）関税についてのみ適用される特恵関税と異なり、特恵措置は関税だけでなく数量割り当てなどより幅広い特恵範囲を含むものである。

表5－1　キューバ歴代大統領（1925-59年　除 任期1カ月未満）

1925年5月－1933年8月	Gerardo Machado y Morales
1933年9月－1934年1月	Ramón Grau San Martín
1934年1月－1935年12月	Carlos Mendieta Montefur
1935年12月－1936年5月	José Agripino Barnet y Vinagres
1936年5月－1936年12月	Miguel Mariano Gómez y Arias
1936年12月－1940年10月	Federico Laredo Bru
1940年10月－1944年10月	Fulgencio E. Batista y Zandivar
1944年10月－1948年10月	Ramón Grau San Martín
1948年10月－1952年3月	Carlos Prío Socarrás
1952年3月－1954年8月	Fulgencio E. Batista y Zandivar
1954年8月－1955年2月	Andrés Domingo del Castillo
1955年2月－1959年1月	Fulgencio E. Batista y Zandivar
1959年1月－1959年7月	Manuel Urrutia Lleó

は、反トラスト法に抵触することを恐れた結果、これらの約束は「紳士協定」として文書として残すことをしなかったことである（Ballinger［1971：36］, Swering［1949：43］）。

キューバは砂糖貴族（Sugar Baron）とも称され、米国・キューバ砂糖取引のほぼ大半を扱っていたニューヨーク在住のスペイン系キューバ人リオンダ（Manuel Rionda）の支援を受けて、タラファ（José Miguel Tarafa）、グティエレス（Viriato Gutiérrez Vallado）の二人を中心とする交渉メンバーをヨーロッパ諸国に派遣し、砂糖輸出国の関係者に参加を促した。

同メンバーは最初にアムステルダムでジャワとの交渉を開始した。ジャワは当時砂糖の一大生産地でキューバと競合していたが、単収が高く輸出競争力で優っていた。難航の末、両者は最終的に輸出割当で合意した。その後キューバはブリュッセルでポーランド、チェコスロバキア、ハンガリー、ベルギーの甜菜（てんさい）糖輸出国と会合し輸出割当を決め、1931年1月にはドイツとの間でも輸出割当に合意した。

チャドボーン合意は国家間で締結されたものではなかったものの、実質的には政府機関が当事者だったので、外交上の多国間協定に匹敵する効力を有した(5)。キューバはチャドボーン合意に参加した9か国以外の砂糖生産国である日本、ドミニカ共和国、ブラジルにも参加を呼び掛けたが失敗した。しかしメキシコは生産制限を実施し、英国は西インド植民地産糖に輸入割当枠を導入し、フランスでは精糖業者と砂糖生産者との間で、私的な生産調整が行われ作付面積と在庫の調整を図った。

チャドボーン合意は私的な要素を含みつつも、世界の主要砂糖生産国が参加する国際商品協定の性格を有するものとなった。しかし合意の主眼目であった砂糖余剰在庫の解決は困難を極めた。1931年9月の時点で、ヨーロッパ参加国の余剰在庫分だけで100万トンを超えていたし、市場に放出する砂糖量を制限することで、砂糖価格の上昇を期待した目論見も外れた。とはいえ世界全体の砂糖在庫量が1931年1,240万トンから1935年900万トンへと340万トン減少したことは、同合意の一応の成果とみることもできる。事実チャドボーン合意参加国の、世界の砂糖総生産に占める割合は、50％から25％に減少した（Swerling［1949：45-47］）。

この間米国の特恵措置を受けるプエルトリコ、フィリピン、ハワイはそれぞれ100万トン以上の生産量となり、チャドボーン合意に参加していないインド、日本は生産を増加させた。かくして当初の予定通り1935年8月末、チャドボーン合意は延長されることなく効力を失った（Ballinger［1971：36］）。

第3節　1937年国際砂糖協定

大恐慌を境にした世界経済の激動の中で、不況打開のための多国間取り決めの枠組みが、一次産品産出国と輸入国の間で、国際連盟の場などを使って模索された。その中でも一次産品の安定化の国際協調の成果として評価されるのは、1937年に成立した国際砂糖協定である。同協定は1933年に成立した国際小麦協定と並んで、国際商品協定の先駆的な取り組みとされている。1937年国際協定の推進役を果たしたのは、チャドボーン合意と同様、キューバの砂糖産業関係者であった。

（5）Dye and Sicotte［2006］。この論稿はキューバ国立公文書館（Archivo Nacional de Cuba）、Fondos ICEA, Braga Brothers Collection などの一次資料を披見した労作である。

国際砂糖協定成立の前段階の経緯として触れねばならないのは、1933年6～7月に開催された世界通貨経済会議（ロンドン）[(6)]における、国際砂糖会議開催についての合意である。この間のプロセスを、日本を代表する砂糖業界の団体である日本糖業連合会は概要を次のように伝えている。

「1925年以来国際砂糖問題解決のために常に主動的地位をとってきたキューバはこの通貨経済会議に対し国際砂糖協定案を提出」し、その骨子は「加盟国は10年間工場の新設を行わない。現存工場の生産能力の増強をしない。封鎖中の工場の再開をしない。直接・間接を問わず、生産・輸出に新たな補助をしない」ことで、「審議の末、キューバ案とほぼ同じ内容の提案を提出し、チャドボーン合意参加国の大半が賛同した」。さらにキューバ首席代表のフェラーラ（Orestes Ferrara）は「キューバはこれまで砂糖に関する国際的協働にて常に主動的地位をとってきた」が「キューバが現在希求することはただ、供給過剰状態にある世界で糖業の拡張がこれ以上行われない」ことだと発言した（中村編［1937：6-7］）。

かくして1937年、ロンドンで砂糖の多国間協定締結を目指した国際会議が開催された。参加したのは英米をはじめキューバ、英領インド、ジャワ、ドイツなどの主要砂糖生産国（＝輸出国）と消費国（＝輸入国）の計22か国である。初めて砂糖の輸出国と輸入国の双方が参加したので、会議の成果に期待が寄せられた。キューバからは砂糖産業団体を代表してゴメス・メナ（José Manuel Gómez Mena）、ポルトゥオンド（Aurelio Portuondo）、マニャス（Arturo Mañas）、アングロ（Rafaél María Angulo）、ファレス（Edelberto Farrés）の5名が参加したが、開催国英国の6名に次いでベルギーと同数の2番目に参加者数の大きな代表団であった。

4月5日開催の第2回全体会合の席で、ポルトゥオンドはキューバの立場について、次のように説明している。「本会議は砂糖輸出国の厳しい状況を改善するために、過去10年間の努力の結晶」であり「キューバは世界最大の砂糖輸出国というだけでなく、砂糖が国家経済の盛衰と直接結びついている

（6）渋沢［1972：173］によれば、1933年ロンドン会議は、経済混乱を国際協調により乗り切ろうとする最後の試みで、日本が参加した最後の国際連盟の会議になった。なお日本は連盟脱退の通告はしていたが、2年間は名義上加盟国であった。

ので、世界の砂糖生産を調整するために中心的な役割」を担い、「キューバは自主的に生産量を制限」した。「タラファ大佐の使節団をヨーロッパに派遣し各国と交渉」した結果チャドボーン合意が成立した。「キューバ代表団は本会議にて各国の代表団と会合する機会を歓迎し、参加国すべてが現在の世界の自由市場の苦境が生む負担を平等に分かち合うような合意に達すること」を期待する（League of Nations［1937：33］）。

ポルトゥオンドは国際砂糖会議の成果について次のように述べている。「著しく困難な国際問題が存在する中で、20か国以上が参加する会議の成果として、このような実質的な内容の合意が達成」され「キューバ代表団は、合意の内容を歓迎する」（League of Nations［1937：66］）。さらにゴメス・メナは帰国後の会見の席で、国際砂糖協定の成果について「1937年協定ではキューバはむしろより多くの割当」を得たが「これはキューバが近年自発的に犠牲を払ってきた代償」であり、合意内容は「市場における買い手の緊迫を緩和し、市場をより健全な状態に置き、世界糖価を正常な水準に保つ」と発言した（中村編［1937：70-71］）(7)。

参考までに1937年国際砂糖協定について、日本サイドはどのように評価していたのか、以下当時の砂糖業界の資料を中心に紹介する。これによると「国際砂糖協定（チャドボーン）が1935年に満了したことを受け、英国政府が国際連盟を動かして新規の国際砂糖協定を計画」し「1936年５月１日、在英日本大使館より外務当局を通じて日本糖業者に加盟方如何を照会」があり「糖業連合会は６月12日協議の結果、日本としては漸く自給自足の域に達したばかりで、国際協定に参加すべき必要に迫られていない」として、日本が参加しなくても影響はないので不参加を決めた。1937年４月「英国外務省より重ねて代表派遣を申し込んできたので、オブザーバー１名を出席」（山下編著［1937：55-57］）させたとしている。

引用文中にあるように、国際連盟と英国政府は熱心に日本の参加を要請したが当初は参加を見送り、最終的には在英日本大使館員１名がオブザーバー

（7）中村編［1937］による。著者は個人名義であるが、奥付には著作兼発行人として中村誠司が、発行所は日本糖業連合会となっている。なお序文の執筆者名は日本糖業連合会である。

として参加した（第6章注3参照）。1937年の国際砂糖協定は第二次大戦勃発により機能不全に陥ったものの、1942年まで5年間継続した。協定の骨格はその後50年間にわたり、国際商品協定の原型となったと位置づけられている（千葉［1987：191］）。国際砂糖協定をめぐるキューバの外交経験知が、その後大戦後の世界貿易体制を形づけることとなった、ITO設立に向けての国際会議であるハバナ会議開催に結びついたのではないだろうか。

第4節　ハバナ憲章の挫折と未完の挑戦

第二次大戦前後、キューバをはじめとするラテンアメリカ諸国は、もっぱら米国との経済協力関係を緊密にしながら、戦禍を免れたことで好調な経済成長を遂げた。1939〜45年のラテンアメリカ全体の年平均経済成長率（GDP）は3.4%、輸出額の年平均成長率は10.5%に達していた。キューバはそれぞれ1.8%、17.1%であった（バルマー＝トーマス［2001：195-196］）。

1945年、キューバは全世界砂糖生産量の24%に相当する359万5,000トンの砂糖を生産し、米国向けに約280万トンを輸出していた（表5-2、表5-3参照）。これは米国内の総消費量の47%に相当した。言い換えれば、米国内の砂糖消費量の約半分をキューバが供給していた。同比率は1946年に40%に減少するが、47年には51%に上昇した（表5-3参照）。

米国はキューバの砂糖産業に相当の出資をしていたし、最大の輸出市場でもあった。キューバにとり砂糖は外貨収入のほぼ9割近くを占める首位の輸出品であった。この過度の砂糖生産への依存構造が、ハバナ会議に参加した

表5-2　キューバの砂糖生産　1945-48年　世界全体に占める割合（%）

1945	359万5,000トン	24
1946	410万1,000トン	32
1947	591万2,000トン	38
1948	612万1,000トン	36

出所　Mitchell, B.R., *International Historical Statistics: the Americas 1750-2000*, 5th Edition, Palgrave Macmillan, 2003.

表５－３　キューバ糖の米国輸入割当、米国内需要量、キューバ糖の占める割合　1945-1947年

（トン）

年	米国輸入割当	米国内需要量	キューバ糖の占める割合（%）
1945	280万3,000	599万7,000	47
1946	228万3,000	565万7,000	40
1947	394万3,000	775万9,000	51

出所　Ballinger［1971］、p.53、Table22をもとに筆者作成。

多くの国々との相違点であったろう。

キューバは砂糖輸出で米国の経済圏に組み込まれていたし、米国はキューバを自国製品の輸出先と目していた（Pérez［2011：217］）。国連経済社会理事会は1946年２月の第１回総会で、国連貿易雇用会議の開催を決議した。そして米国の強い意向を反映していたと思われる国連事務局サイドは、開催地を仮の国連本部の置かれていたレーク・サクセスにほぼ決定していた。しかしその提案からわずか１か月後に、準備委員会はこれを拒否しハバナに急遽変更した。ここではその背景に、チャドボーン合意、1937年国際砂糖協定成立に際しての、キューバ砂糖外交の経験値と、各国との間の信頼醸成、大戦後の経済開発を急ぐラテンアメリカ諸国と共有する歴史的な政治外交関係、途上国同士の連帯感があったのではなかろうかという仮説を、試論的に分析してきた。

さて、国際貿易機関の設立を目指した国連貿易雇用会議は予定通り1947年11月21日から翌48年３月24日、ハバナで開催された。58か国が参加し、そのうち約三分の一はラテンアメリカ諸国が占めた[(8)]。会場は旧ハバナ市街にあるカピトリオ（El Capitolio Nacional：国会議事堂）で、プレスセンターはナショナル・ホテル（Hotel Nacional）に置かれた。現地の日刊紙はカピトリオの地下に、参加者のための臨時の電信・電話設備、銀行の臨時出張所が設置されたと伝えている（*Diario de la Marina,* 22 de noviembre, 1947）。

（８）参加国数はGATT［1953］による。

ハバナ港 （筆者撮影）

当時のキューバの経済情勢とハバナの様子はどのようなものだったのか。まずマクロ経済情勢として、世界の砂糖生産（サトウキビと甜菜）は第二次大戦中の1940年から46年の間に2,860万トンから1,810万トンと約60%も減少していた。1942年から戦時体制に入った米国経済は、国内産業を軍需品生産へと大きく軸足を傾けた。砂糖の輸入割当の上限を撤廃し、国内供給の不足分をキューバ糖輸入に全面的に依存するようになった。キューバの米国向け砂糖輸出は急増した。しかしこのような優遇措置は続かず、大戦後はキューバ向け砂糖割当が再開され、上限が設けられたのである。割当を配分する作業は米国下院農業委員会の管轄で、国内農業生産者保護の方向にあった。

大戦中ヨーロッパ大陸との貿易が途絶え、代わりに米国とラテンアメリカ諸国の協力関係が強化された。戦禍に見舞われたヨーロッパ諸国とは対照的に、ラテンアメリカ全体は大戦中堅実な経済成長を遂げた。とはいえ大戦後ラテンアメリカ諸国は、マーシャルプランに象徴されるように、戦後の復興支援がヨーロッパに向かうのではないかと懸念していた。ハバナ会議の初日、キューバのグラウ大統領は開会宣言の中で「世界の民主主義の杖となるラテンアメリカへの支援を強化してほしい。共産主義の拡大を恐れて、ヨーロッパの経済再建に米国の関心が注がれることで、ラテンアメリカは無視されているという感情を抱いている。ラテンアメリカの多くの国がそうであるように、途上国の工業化のために必要な資金援助を強化してほしい」と発言している（*New York Times*, November 22, 1947）。当時ハバナに駐在していたノーウエップ（Raymond Henry Norweb）米国大使は国務省宛公電（秘密扱い）で会議開催当初のラテンアメリカ諸国の動きについて、次のように報告している（DOS［1947］）。

> 国連事務次長補（UN Assistant Secretary General）スエテンス（Max Suetens）による歓迎スピーチがあった。キューバのクラーク（Sergio Clark）が議長、第一副議長にはスエテンスが選出された。当初キューバは議長職を断り、クラーク自身も後ろ向きだったが、アルゼンチンが扇動してラテンアメリカ諸国がスエテンスの代わりにクラークを議長選出するように圧力をかけた。各委員会の議長もアルゼンチンの策略の結果、ラテンアメリカ5か国が占めることになった。米国代表団長クレイトン（William Clayton）と副団長ウィルコックス（Clair Wilcox）は、ラテンアメリカ諸国の代表団と昼食会を開いた。アルゼンチンとウルグアイを除いて、他の国々は友好的で相互理解は達成されるように見受けられる。

キューバはハバナ会議開催当時、難しい立ち位置にあった。キューバが懸念していたのは戦争終結により、米国が国内産糖を増やすことで、対キューバ砂糖輸入割当が廃止あるいは減量するのではないかということ、さらに「キューバは、ITOにおいて最恵国待遇が国際貿易の基準となるべく議論されていることを懸念して、優遇措置の継続を図るために会議に参加した」（Bulmer-Thomas［2012：204］）という指摘もある。

この時代のハバナは、裕福な米国人や米国在住のキューバ人が、避寒のために週末を過ごす保養地でもあった。パンアメリカン航空（Pan American Airways）はハバナとマイアミ間を一日往復28便運航し、ハバナとニューオリンズ間にはフェリーボートも就航していた。当時のハバナの様子を「賭博と売春とドラッグの町」と表現する識者もいる（Pérez［1990：207-208, 222］）。

米国の至近距離にあり、人的交流も盛んで米国の影響力を行使しやすかったことが、キューバの砂糖外交で培われた国際社会における信頼醸成の成果とともに、ハバナを開催地にした背景の一つにあったと思われる。同時に、

ハバナ会議の開催されたカピトリオ
（筆者撮影）

プレスセンターの置かれたホテルのロビー　ホテル・ナシオナル　（筆者撮影）

ラテンアメリカ諸国をはじめとする途上国にとっては、大戦後圧倒的な経済力を誇る米国から、わずかばかり離れたこの島国は、会議の場としてふさわしいと映ったのかもしれない。そのうえにキューバは会場運営費や、追加的費用を負担するという寛大な申し出を表明し各国から歓迎された(9)。

歴史上の出来事に「イフ」を想定することは、浅薄な考えかもしれないが、もしハバナ会議の開催地がレーク・サクセスであったならば、果たしてハバナ憲章は成立しただろうか、という疑問が頭をよぎる。米国が主導する大戦後国際経済秩序の枠組みとなった国連貿易雇用会議の席で、自由・無差別・多国間の原則に、途上国の立場から強く反発したのは、最大の参加国数を誇っていたラテンアメリカ諸国であった。もし強引にニューヨークで開催されていたならば大国の影響を嫌悪して、途上国の反発は一層強まり、かえって憲章合意はより遠のいたとみるのが自然ではなかろうか。ハバナ憲章は挫折したがその一部はGATTに、さらにWTO（世界貿易機関）に引き継がれた。その意味で、各国の批准は得られなかったとはいえ、ハバナ憲章は合意文書として成立し、一定の役割を果たし、歴史に名を刻むこととなったのである。

（9）ECOSOC［1948］はハバナ憲章の最終文書であるが、締めくくりの126ページに「キューバ政府と国民に謝意を表する。ハバナ開催への親切な招待と心温まる歓迎に感謝し、キューバを訪れたすべての人々は、キューバで受けた歓迎と好意を永久に忘れない」という言葉を残している。

第5節　日本はハバナ憲章をどのように受け止めたのか

当時まだ占領下にあった日本は、ハバナ会議出席はできなかったが、GHQ（占領軍総司令部）を通して関係文書を入手し、主要文書の日本語訳を作成していた。外務省はハバナ憲章への対応について要旨次のように述べている（外務省［1948］）。

> 我が国が加盟した場合に生ずる諸問題。重要産業への適当な保護関税の設定が必要。ITO加盟後2年以内に、多数の関税協定を締結する必要上、時間的な制約の存在。ダンピング、相殺関税など、国内法の改廃、技術上の若干の困難を伴う。さらに基本的な課題として、戦後の国民経済の再建には、長年月を要し、そのために輸入すべき食料、生活必需品、復興資材、原材料の量は莫大となる。この輸入を輸出によりカバーすることは容易ではなく、また貿易外収支も戦前より不利となるから、我が国としては、今後相当期間は、相当程度の貿易統制（及び為替統制）を行うことが必要。我が国は少なくとも当分の間、主食の輸入、配給について、国家管理を継続する必要があるが、憲章はこれに重大な制約を課している。補助金、内国民待遇について、憲章は拘束を加えるので、念頭に置く必要がある。

以上のような問題点を列挙したうえで、ITO参加の意義を次のように述べる。

> 国際経済社会への復帰。国際貿易問題に関する発言権の獲得。我が国の貿易が加工貿易であり、主な輸出品である繊維製品、日用雑貨は競争が激しいので、高率関税、輸入制限を低減することは望ましい。最恵国待遇の保証は、我が国に有利となる。結論として、輸出貿易の促進が我が国の直面する重要問題であることは言うまでもないが、諸般の事情により容易にこれを達成しえない現状においては、平和条約締結の時期いかんにかかわらず、なるべく速やかにITOに加盟して、輸出促進を図ることが必要である。従って我が国としてはITOの発足後一日も早くこれに加盟し得るよう努力すべきと考えられる。

日本政府の見解はこのように、ITO加盟のプラス・マイナスを秤量したうえで、一日も早い加盟が必要と指摘している。基本的なスタンスは貿易統制と為替統制の必要を認めるものの、自由貿易体制のもとでの輸出促進による経済成長政策であった。しかし残念ながら占領下にあった日本は、ITO批准をめぐる米国内の議会の動向や参加各国の意向などの国際情勢について、十分な情報が伝わっていなかったためなのか、ITO成立の帰趨そのものについてほとんど触れていない。

次に当時の高等学校教科書がハバナ憲章をどのように記述していたのかを検証してみよう。まず1952年にサンフランシスコ講和条約が発効し、国連加盟も果たし、日本が国際社会に復帰した1956年に作成された教科書である（石・有沢・辻ほか［1956：221］）。

> 戦後国際経済の再建と国際平和の維持のためには、各国経済の安定と国際通商の自由化を推進するための国際協力機構の設置が要望され、1944年7月ブレトン・ウッズ協定が結ばれ、国際通貨基金、国際復興開発銀行が設立された。1948年にはハバナの国際会議で国際貿易憲章が承認され、この憲章が批准されれば国際貿易機構が設置されることになった。国際貿易憲章は国際間の関税・輸入制限・差別待遇撤廃または軽減を行って、国際貿易の自由化を促進することを目的とするもので、GATTは特にその関税撤廃に関する具体的な規定を定めた。

引用文中に1948年国際貿易憲章（ハバナ憲章）の紹介があり、戦後の国際経済秩序である自由貿易に対する日本政府の姿勢を考察するうえでも、重要なイシューとして取り上げている。さらに同時期の『高校社会』教科書は、戦後の自由貿易の必要性を概要次のように述べている（堀江・臼井編［1957：299-307］）。

> 各国経済の復興及び開発、並びに為替相場の維持に関する国際協力の機構ができたが、欠けているのは国際貿易の発展に関する国際協力機構であった。1948年キューバのハバナに集まった連合国の代表によって、国際貿易憲章、いわゆるハバナ憲章が採択され、それに基づいて国連経済社会理事会の下部機関として、国際貿易機構が置かれることになった。この機構の目的は、世界貿易および雇用の増大を図り、自由貿易の原則に立って各国の生産品の平等な扱い、差別関税の廃止、貿易数量の制限の撤廃、補助金や二重価

格制の禁止などである。

紹介した1950年代の2冊の教科書からおよそ10年を経過した1967年に刊行された高等学校教科書では、ハバナ会議の記述は以下のようである（蝋山・東畑ほか［1967：184］）。

> 1948年には国際貿易憲章が調印され、国際貿易機関を設置することとなったが、加盟国の批准数不足のため効力を発生せず、GATTがこれに代わる役割を果たしている。

ハバナ会議開催後20年を経た1967年版の教科書においても、ハバナ憲章とITOが取り上げられているのは、当時の教育学術界においてハバナ会議を重視していたことを物語るものではないだろうか。

結びに代えて

本章では1947～48年にハバナで開催された国際貿易機関（ITO）設立のための国連貿易雇用会議（ハバナ会議）に至るまでの経緯を明らかにし、当初予定していた米国ニューヨーク州レーク・サクセスから、急遽ハバナに開催地を変更した背景について試論的に分析した。そのうえで、両大戦間期の混乱した国際政治経済情勢の中で、国際砂糖協定成立のために国際舞台で奔走したキューバ砂糖外交が果たしたと思われる信頼醸成の役割を検証した。ハバナで開催され、ハバナ宣言が合意された背景の一端には、キューバの砂糖外交の経験値があったのではなかろうか。さらに日本がハバナ憲章をどのように受け止めていたのかを、外務省公文書と高等学校教科書の記述を手掛かりに検証した。

1959年の社会主義革命によって、キューバの砂糖輸出は従来の輸出先であった米国市場を失い大打撃を受けたが、巧みな外交手腕もあり、旧ソ連邦や自由市場である日本などへの売り込みが功を奏して、危機的な局面を回避することに成功した（田中［2012］、ロメロ イサミ［2022］）。

国際砂糖協定をめぐるキューバ外交の軌跡は、今日的にはもはやその面影は消えてしまっているのかもしれない。とはいえハバナ憲章で提唱された、一次産品貿易をどのように輸出国・輸入国の双方にとり、より公正なものとするのかという根本的な問題点は解決したとは言い難い。ハバナ憲章は未完の挑戦といえるのではないか。

参考文献

日本語文献

石三次郎・有沢広巳・辻清明ほか［1956］『社会』自由書房。

尾上一雄［1982］「ニュー・ディール立法の真髄とその経済的効果—一九三三—一九三四年—」『成城大學經濟研究』第77号、53-110ページ。

ガードナー、リチャード・N（村野孝・加瀬正一訳）［1973］『国際通貨体制成立史—英米の抗争と協力—』上・下巻、東洋経済新報社。

外務省［1948］総務局経済課「通商審議委員会作業三七作業計画四、（５）其の一一九四八年六月二八日」、外交文書『国際貿易雇用会議関係一件（国際貿易機関ハヴァナ憲章）ITO』B-2-3-2-1（RB'-0033）。

金井雄一［2014］『ポンドの譲位—ユーロダラーの発展とシティの復活—』名古屋大学出版会。

斎藤高宏［1979］『農産物貿易と国際協定—相互依存経済への模索—』御茶の水書房。

堺憲一［1994］「第三章　農業をめぐる一九三〇年代の経済ナショナリズムと国際協調」藤瀬浩司編［1994］『世界大不況と国際連盟』名古屋大学出版会、149-182ページ。

佐分晴夫［1978］「国際貿易機構憲章と「発展途上国」」『国際法外交雑誌』第77巻第２号、135-174ページ。

渋沢信一［1972］「第４章国際連盟における経済財政問題と日本」佐藤尚武監修『日本外交史14　国際連盟における日本』鹿島研究所出版会。

ジャクソン、H・ジョン（松下満雄監訳）［1990］『世界貿易機構—ガット体制を再構築する—』東洋経済新報社。

田中高［2012］「日本・キューバ貿易と米国の対日政策—一九六〇年代、キューバ糖貿易をめぐる三ヵ国の外交姿勢とナショナリズム—」『国際政治』170号、61-75ページ。

千葉泰雄［1987］『国際商品協定と一次産品問題』有信堂高文社。

中村誠司（編）［1937］『一九三一年チャドボーン協定より一九三七年倫敦砂糖協

約まで 附　砂糖ノ生産及ビ販売ノ統制ニ関スル国際協約（一九三七年倫敦砂糖協約）正文仮訳』日本糖業連合会。

林正徳［2015］「国際連盟のもとでの貿易ルール形成」早稲田大学地域・地域間研究機構（2014年度研究成果）。

バルマー＝トーマス、ビクター（田中高・榎股一索・鶴田利恵訳）［2001］『ラテンアメリカ経済史―独立から現在まで―』名古屋大学出版会。

藤瀬浩司［1994］「国際連盟と経済金融問題」藤瀬浩司編『世界大不況と国際連盟』名古屋大学出版会、1-68ページ。

堀江保蔵・臼井二尚編［1957］『高校社会』教学社。

柳川博［1981］「国際小麦協定（1933）の成立と挫折」『經濟學研究』第31巻第3号、249-287ページ。

山下久四郎（編著）［1937］『砂糖年鑑　昭和一二年版』日本砂糖協会。

山本和人［2019］『多国間通商協定GATTの誕生プロセス―戦後世界貿易システム成立史研究―［増補版］』ミネルヴァ書房。

蝋山政道・東畑精一ほか［1967］『政治経済』東京書籍。

ロメロ イサミ［2022］「日本とキューバ革命――九五九年のゲバラ使節団―」『国際政治』第207号、97-112ページ。

外国語文献

Ballinger, Roy A.［1971］*A History of Sugar Marketing*, US Department of Agriculture, Economic Research Service, Agricultural Economic Report No.1.

Bronz, George［1949］"The International Trade Organization Charter," *Harvard Law Review*, Vol.62 No.7, pp.1089-1125.

Bulmer-Thomas, Victor［2012］*The Economic History of the Caribbean since the Napoleonic Wars*, Cambridge University Press.

Diebold, William Jr.［1952］*The End of the I・T・O*, Essays in International Finance, No.16. International Financial Section, Department of Economics and Social Institutions, Princeton University.

Diebold, William Jr.［1994］"Reflections on the International Trade Organization," *Northern Illinois University Law Review*, Vol.14, pp.335-346.

Dos Santos, Norma Breda［2016］"Latin American Countries and the Establishment of the Multilateral Trade System: the Havana Conference (1947-1948)," *Brazilian Journal of Political Economy*, Vol.36 No.2, pp.309-329.

Dye, Alan [1998] *Cuban Sugar in the Age of Mass Production: Technology and the Economics of the Sugar Central, 1899–1929*, Stanford University Press.

Dye, Alan and Richard Sicotte [1999] "U. S. Cuban Trade Cooperation and Its Unraveling," *Business and Economic History*, Vol.28 No.2, Winter, pp.19–31.

Dye, Alan and Richard Sicotte [2006] "How Brinkmanship Saved Chadbourne: Credibility and the International Sugar Agreement of 1931," *Explorations in Economic History*, No.46, pp.223–256.

ECOSOC (United Nations Economic and Social Council) [1946] "Report of the First Session of the Preparatory Committee of the United Nations Conference on Trade and Employment," 31 of October, reference No. E/PC/T/33.

ECOSOC [1947a] "Report of the Drafting Committee of the Preparatory Committee on Trade and Employment: 20 January to 25 February 1947," 5 of March, reference No. E/PC/T/34.

ECOSOC [1947b] "Second Session of the Preparatory Committee of the United Nations Conference on Trade and Employment, Date and Place of World Conference, note by Executive Secretary," 9 of June, reference No. E/PC/T/DEL/40.

ECOSOC [1947c] "Second Session of the Preparatory Committee of the United Nations Conference on Trade and Employment. Draft Report by the Preparatory Committee of the United Nations Conference on Trade and Employment to The Economic and Social Council," 2 of July, reference No. E/PC/T/117.

ECOSOC [1947d] "Second Session of the Preparatory Committee of the United Nations Conference on Trade and Employment. Report by the Preparatory Committee of the United Nations Conference on Trade and Employment to The Economic and Social Council," 9 of July, reference No. E/PC/T/117. Rev.1.

ECOSOC [1947e] "Second Session of the Preparatory Committee of the United Nations Conference on Trade and Employment. Report by the Preparatory Committee of the United Nations Conference on Trade and Employment to The Economic and Social Council," 15 of July, reference No. E/PC/T/117. Rev.1. Corr1.

ECOSOC [1947f] "Resolutions, Fifth Session, 19 July–16 August 1947, 62(V), United Nations Conference on Trade and Employment, Resolutions of 28 July

1947," 28 of July, reference No. E/AC.6/14.

ECOSOC [1947g] "Report of the Second Session of the Preparatory Committee of the United Nations Conference on Trade and Employment," 11 of September, reference No. E/PC/T/186.

ECOSOC [1947h] "Second Session of the Preparatory Committee of the United Nations Conference on Trade and Employment, Letter from Chairman of Cuban Delegation," 9 of October, reference No. E/PC/T/244.

ECOSOC [1948] *Final Act and Related Documents: Interim Commission for the International Trade Organization*, April 1948, reference No. E/Conf.278.

Fakhri, Michael [2014] *Sugar and the Making of International Trade Law*, Cambridge University Press.

GATT (General Agreement on Tariffs and Trade) [1953] *The Havana Charter for an International Trade Organization: an Informal Summary*, 1 of January, reference No. Sec/41/53.

International Sugar Council [1931] "The Brussels Sugar Convention 1931: Text of the Agreement," *The International Sugar Journal,* August, pp391-401.

League of Nations [1937] *International Sugar Conference: Held in London from April 5th to May 6th, 1937*, Series of League of Nations Publications, Official Number C.289.M.190.

League of Nations [1942] *Commercial Policy in the Inter War Period: International Proposal and Nacional Policies*, Series of League of Nations Publications.

McAvoy, Muriel [2003] *Sugar Baron: Manuel Rionda and the Fortunes of Pre-Castro Cuba*, University Press of Florida.

Pérez, Louis A. Jr [1990] *Cuba and the United States: Ties of Singular Intimacy*, University of Georgia Press.

Pérez, Louis A. Jr [2011] *Cuba: Between Reform and Revolution* 4th *edition*, Oxford University Press.

Swerling, B.C. [1949] *International Control of Sugar, 1918-41*, Stanford University Press.

Taylor, Benjamin [1909] "The Brussels Sugar Convention," *The North American Review*, Vol.190 No.646, pp.347-358.

US Department of State (DOS) [1946] *Suggested Charter for an International*

Trade Organization of the United Nations, Department of State Publication No. 2508, Commercial Policy Series 93.

US Department of State [1947] "The Ambassador in Cuba (Norweb) to the Secretary of State," reference No. 560.AL/11-2447 Telegram Confidential.

Viton, Albert [2004] *The International Sugar Agreements: Promise and Reality*, Purdue University Press.

定期刊行物

Diario de la Marina, 22 de noviembre, 1947.

New York Times, 22 of November, 1947.

第6章

国際砂糖協定の軌跡
——輸出大国キューバの退場と輸入大国日本の凋落——

はじめに

国際商品協定は歴史的には、国際連盟のもとで1933年に成立した国際小麦協定が嚆矢とされている。その後砂糖、ココア、天然ゴム、熱帯木材、錫などの一次産品が対象となった。しかし以下述べるように、砂糖の場合は1902年のブリュッセル協定、1931年のチャドボーン合意のように、多国間の商品協定の枠組みを持つ協定が先行して施行されていた。

商品協定の基本的なメカニズムは輸出割当、緩衝在庫方式、多国間契約方式の三つである。国際商品協定は1970年代には大きな潮流となり、国連貿易開発会議（United Nations Conference on Trade and Development：UNCTAD）の場を中心に、発展途上国が北の先進国に対して、主要な一次産品輸出品の生産量と価格安定を求めた。しかし現在多くの国際商品協定は、現実には機能していない。後述のように協定そのものは継続しているが、経済条項と呼ばれる実質的な機能を欠いている。日本は現在ほぼすべての国際商品協定から離脱している。

以下本章では、国際砂糖協定の前身となるブリュッセル協定、チャドボーン合意について紹介し、第二次大戦後の国際砂糖協定の軌跡をたどる。そして世界最大の砂糖輸出国であったキューバが、国際砂糖会議の場で果たした役割に焦点を当てながら、主要な砂糖輸入国であった日本が、会議の場でどのような立ち位置で発言し、かかわりあっていたのかについても論じる。

第1節1902年ブリュッセル協定から1937年国際砂糖協定まで、は20世紀初頭に成立したブリュッセル協定、1931年のチャドボーン合意から1937年国際砂糖協定成立に至るまでの流れを通観する。ブリュッセル協定は一次産品の貿易を取り決めた、最も早い段階で成立した国際商品協定である。ヨーロッパの甜菜(てんさい)生産国間の過当競争を緩和させるのが目的であった。1931年のチャドボーン合意は、ブリュッセル協定の流れをくむものであるが、成立の舞台裏でキューバの砂糖外交があった点を強調する。1937年国際砂糖協定は、第二次大戦勃発直前に成立したが、大恐慌後の混乱する国際経済の打開策の一つとして、国際連盟の果たした役割を評価するうえで、特筆すべき成果となった。第2節第二次大戦後の国際砂糖協定、は1953年から1992年までに成立した国際砂糖協定を時系列に考察する。特に大戦前からの砂糖をめぐるキューバ外交の活躍ぶりと、砂糖輸入大国であった日本が、国際会議の場でどのように主張したかについて明らかにする。そのうえで、国際砂糖協定が次第に機能不全に陥っていくプロセスを検証する。

表6－1　国際砂糖協定年表

1902年	ブリュッセル協定成立
1920年	国際連盟発足
1931年	チャドボーン合意　参加9か国（米国不参加）
1933年	ロンドン世界経済会議（国際砂糖協定会議併催）国際小麦協定成立　日本国際連盟脱退通告（2年間は名目上加盟）
1937年	国際砂糖協定　ロンドン　国際砂糖評議会設立
1942年	1937年国際砂糖協定延長
1944年	1937年国際砂糖協定延長
1947年11月～48年3月	国際貿易機関（ITO）設立会合開催（ハバナ会議）関税と貿易に関する一般協定（GATT 成立）
1953年	国際砂糖協定　ロンドン　5年間有効
1958年	国際砂糖協定　ロンドン　5年間有効
1968年	国際砂糖協定　ニューヨーク　5年間有効
1973年	国際砂糖協定　ジュネーブ　2年間有効
1977年	国際砂糖協定　ジュネーブ　5年間有効
1984年	国際砂糖協定　ジュネーブ　2年間有効
1987年	国際砂糖協定　ロンドン　2年間有効
1992年	国際砂糖協定　ジュネーブ　2年間有効

出所　筆者作成

第１節　1902年ブリュッセル協定から1937年国際砂糖協定まで

（1）　1902年ブリュッセル協定

1902年に成立したブリュッセル協定には、英国、ドイツ、オーストリア・ハンガリー、ベルギー、スペイン、フランス、イタリア、オランダ、スウェーデン計９か国が参加した。ペルーは1904年、ロシアは1907年にそれぞれ参加し、英国は1913年に協定から離脱した（Fakhri［2014a：50］）。

ブリュッセル協定は多国間で締結された、初期の国際商品協定である。自由市場の調整機能を規制することで、砂糖の過剰供給と価格変動を抑制しようとした（以下の記述は特に断りのない限り Hagelberg and Hannah［1994］, Taussig［1903］, Taylor［1909］による）。

ブリュッセル協定成立の時代背景には、ドイツ諸邦とフランスとの間に起きた普仏戦争（1870～71年）以後、ドイツが巨大な軍事予算を維持する必要に迫られ、さらに雇用を確保するために、政府の手厚い保護のもとで甜菜生産を奨励したことがある。この結果砂糖生産が国内需要を上回り、生産過剰状態となった。同様のプロセスが、オーストリア・ハンガリーにも起きていた。このため各国は輸出奨励金を支出し、過剰在庫処理を進めた。奨励金の分だけ輸出価格は引き下げられ、輸出競争力は増した。しかし生産者保護のために国内価格は相対的に高く据え置かれ、国内の砂糖需要は頭打ちの状態であった。いっぽう当時英国は「自由貿易帝国主義」とも評される、強圧的な貿易政策のもとで、ヨーロッパ大陸諸国との間で覇権をめぐる争いの渦中にあった。英国内では砂糖は西インド植民地との関係で主要なイシューとなり、西インド諸島の砂糖産業が衰退すると、大英帝国の存立に重大な悪影響をもたらすと危惧されていた。

大陸諸国の砂糖低価格輸出戦略は、英領西インド諸島の砂糖産業を危機状態に陥れ、英国内の砂糖製造に関連する機械産業も衰退した。大陸の甜菜糖生産国は、低価格輸出によりサトウキビ生産を駆逐する作戦をとっていた。なお当時最も競争力を持つサトウキビ生産地は、オランダ領ジャワ（現在のインドネシア。以下ジャワ）であった。

ブリュッセル協定成立の伏線となったのは、英国が1901年に大陸諸国の甜菜糖輸出補助金に対抗する砂糖関税（＝相殺関税）を賦課すると発表したことであった。当時英国内では純度の高い甜菜糖への嗜好が強かったため、大陸からの精製糖輸入が主流となっていた。そこで英国は関税収入による国庫増収と英領植民地からの粗糖輸入の増加、さらに英国精糖業の振興を目指し、相殺関税によって植民地と国内製糖業の保護を試みた。英国は世界最大の砂糖消費国でもあり、相殺関税発動という脅しに対して、大陸の甜菜輸出諸国は譲歩するであろうと英国政府は判断した。

ブリュッセル協定締結の背景の一つには、補助金支出による財政が逼迫し、生産過剰に悩むヨーロッパ大陸諸国と、英国が英領西インド諸島の糖業と自国の製糖業を保護しようとする、大陸諸国と英国の利害対立があった。協定の概要は次のようである。

砂糖生産と輸出に対する直接・間接の補助金を一切排除する。国内産糖と外国産糖の関税分の差額を制限し、補助金支出国からの砂糖輸入に制裁関税を課すか、あるいは輸入を禁ずる。協定の進捗状況を話し合い、相互監視するための常設委員会を設置する。さらに協定は、英国とジャワ産糖について、直接・間接にかかわらず、補助金を原則禁じる。また条件付きで、植民地産糖への優遇措置はしないことを定めていた（U.K. Government［1903］）。

ブリュッセル協定施行当初は、英国では西インド産粗糖輸入が増加したため、英国製糖業は活況を呈し、ジャム、菓子、ビスケットなどの食品産業が裨益した。いっぽうヨーロッパ大陸諸国は輸出補助金をなくしたことで、財政負担が軽減した。さらに輸出が減少したために国内供給量が増加し、国内市場向け砂糖価格は下落し、そのため砂糖需要は増加した。なお当初協定に不参加であったロシアは、協定不参加国向けの甜菜糖輸出を増加させた。

興味深いことに、ブリュッセル協定は補助金を廃止し、甜菜糖の減産をもくろんでいたが、現実には大陸産の甜菜生産は減少しなかった。オーストリア、ドイツ、ロシアの甜菜生産量は、1900年/01年と1909年/10年を比べるとむしろ増加し、唯一フランスの甜菜生産だけが減少した。ブリュッセル協定の実効性を左右したのは、大きく次の２点である。一つは、英領西インド諸島の扱いである。英領西インド諸島は地理的にも英国など大消費地への輸出には不利で、サトウキビ生産地の面的拡大（＝農業フロンティア）はほぼ限界に達していた。さらに同じカリブ海に位置する旧スペイン領キューバ、プエルトリコ、ドミニカ共和国は砂糖生産を急速に拡大し、英領西インド諸島は競争力を喪失していた。要するに英領西インド諸島は徐々にサトウキビ生産の優位性を失いつつあり、英国はこれを保護するしか手立てはなかった。もう一つは、甜菜とサトウキビ生産国の間の競争を均等化させることが可能かどうかであった。当時最も効率的に砂糖を生産していたのは、ジャワのサトウキビ生産であり、ヨーロッパ産の甜菜との競合があった。この点は次に述べるチャドボーン合意で改めて触れることにする。

ここで砂糖をめぐる、もう一つのグローバル・イシューであった米国（新大陸）に目を向けてみよう。米国は当時ルイジアナ（1803年フランスから購入）、ハワイ（1893年併合）、フィリピン（1898年併合）、キューバ（1902年保護国化）との間で砂糖の優遇措置を講じて、広範な排他的地域市場を形成していた。1898年の米西戦争の結果、米国は太平洋のフィリピン、カリブ海のプエルトリコとキューバの砂糖生産地を勢力圏内に取り込んだ。米国は甜菜糖の供給過剰問題に悩むヨーロッパ諸国とは距離を置きつつ、米国内向けの排他的な砂糖供給システムを構築する途上にあった。いっぽう英国人の嗜好は大陸からの精製糖＝白糖にあり、このため英領西インド諸島からの粗糖の輸入が減り、英国の製糖業界が危機に陥ったために、1913年ブリュッセル協定から脱退し、同協定は効力を失った（Fakhri［2014b：65］）。

しかし1920年に発足した国際連盟のもとで、国際商品協定の取り決めが検討されるようになると、一次産品の需給を調整するメカニズムとして、同協定は多国間主義の見本とされるようになる。特にブリュッセル協定で設置された砂糖常設委員会は、国際的な需給調整作業を執行する多国間機関として、参加国の国内政策に効果的な影響力を持つ組織の原型となったと評価されている。

（2）　1931年チャドボーン合意

第二次大戦前の国際砂糖協定として、1931年に成立したチャドボーン合意はよく知られている。参加国はキューバ、ベルギー、チェコスロバキア、ドイツ、ハンガリー、ジャワ、ペルー、ポーランド、ユーゴスラビアの9か国である。参加国を合計すると世界の砂糖輸出量の約50%を占めていた（以下チャドボーン合意については、特に断りのない限り、Ballinger［1971］, Dye and Sicotte［2006］, McAvoy［2003］, Swerling［1949］による）。同合意に大きな利害関係を有していた米国は、反トラスト法に抵触することを恐れて、不参加であった。また植民地との間で砂糖特恵関税を有していた英国とフランスも参加を見送った。

チャドボーン合意成立の直接のきっかけは、1929年大恐慌後の、米国の国内農業保護政策である。当時米国とキューバとの間には特恵措置により、毎年定められた量のキューバ産糖の輸入割当が配分されていた（Dye［2005］）。また砂糖の輸入価格は、国際取引価格よりも高く設定された、米国内産糖価のレートが適用された。ところが恐慌をきっかけとして、スムート・ホーリイ（Smoot-Hawley）法により関税が引き上げられ、さらに消費量も減少したためにキューバ糖の対米輸出は停滞した。1930年中頃にはキューバの持越在庫は70万トン、加えて1930年生産の80万トン分計150万トンが過剰在庫として滞留していた。キューバの砂糖輸出量は1929年から32年の間に70%減少し、砂糖労働者の収入は三分の一から四分の一にまで下落した。かくしてキューバ経済は悲惨な状況に置かれた。労働運動も活発化し、社会的緊張が増し、政治的にも不安定な時期を迎えた（田中［2022］）。1925年から8年間続いたマチャード（Gerardo Machado y Morales）政権の後、1933年からはグラウ（Ramón Grau San Martín）、メンディエタ（Carlos Mendieta y Montefur）、バルネット・イ・ビナヘラス（José Agripino Barnet y Vinageras）の各政権は1年未満の短命に終わった（第5章表5-1参照）。留意すべきは、この時期米国系資本と関係するスペイン系キューバ人が、キューバの砂糖産業に大規模に投資していたことである。米国系資本の銀行は砂糖栽培、精糖業、砂糖資産に多額の資金を支出し、キューバの政治家とも利害を共有した。

チャドボーン合意成立までの経緯は以下のようである。最初のステップとして1930年8月、ニューヨーク在住の米国人弁護士チャドボーン（Thomas Chadbourne）の呼びかけで、キューバとハワイを除く米国のすべての本土、島嶼部の砂糖生産地の代表が集まり、キューバ糖の輸入割当について話し合った。チャドボーン自身がキューバの砂糖産業に投資していたということも背景にあり、米国内糖の生産量と輸入量の調整を試みた。

この会議では第一に、1931年のキューバの対米砂糖輸出量を280万トンに制限すること。第二に、キューバに1932年と33年の米国の砂糖消費量増加の全量を、キューバ産糖で埋め合わす権利を付与した。米本土、フィリピン、ハワイ、プエルトリコ、キューバの砂糖生産者は、価格下落を抑制するために、米国への供給量を秩序ある配分に取り決めることを約束する。第三に、キューバは主要な砂糖生産国との間で国際会議を開き、砂糖産業の安定化について話し合うこと、以上の三点を決定した。興味深いのは、反トラスト法に抵触することを恐れた結果、米国とその属領、キューバとの約束は「紳士協定」として文書化しなかったことである（Ballinger［1971：36］, Swerling［1949：43］）。

チャドボーン合意がグローバルな枠組みとして成立するのは、キューバが中心となり国際交渉を行った第三番目の点についてであった。キューバは砂糖貴族（Sugar Baron）とも称され、米国・キューバ砂糖取引のほぼ大半を扱っていたニューヨーク在住のスペイン系キューバ人リオンダ（Manuel Rionda y Polled）の支援を受けて、タラファ（José Miguel Tarafa）、グティエレス（Viriato Gutiérrez Vallado）の二人を中心とする交渉メンバーをヨーロッパ諸国に派遣し、砂糖輸出国の関係者に参加を促したのである（Mc-Avoy［2003：232-233］）。

同メンバーはまずアムステルダムでジャワとの交渉を開始した。ジャワは当時砂糖の一大生産地でキューバと競合していたが、単収が高く輸出競争力で優っていた。難航の末、両者は最終的に輸出割当を設定することで合意した。その後キューバ交渉グループはブリュッセルでポーランド、チェコスロバキア、ハンガリー、ベルギーの甜菜糖輸出国と会合し輸出割当を決め、1931年1月にはドイツとの間でも合意した。

参加国は輸出割当に合意したものの、その数字は妥協の産物であった。キューバとジャワの輸出割当は過去の実績とほぼ同じ水準であったし、ヨーロッパ諸国の甜菜糖輸出割当は、従来の交渉で妥結していた暫定値122万

ハバナ郊外にあるハーシー駅　チョコレートで有名な米国ハーシー社が鉄道敷設した（筆者撮影）

9,000トンを超過した。結局1929～39年の砂糖輸出実績をわずかに10万トン下回る水準であった。1933年には自由市場向けの砂糖輸出をめぐり、キューバとジャワとの間で紛争が起きたが、後者が譲歩することで合意破局は回避された。

チャドボーン合意は国家間で締結されたものではなかったが、実質的には政府機関が当事者だったので、外交上の多国間協定に相当するものとみなされた[1]。すなわち合意文書署名者であるドイツ砂糖産業連盟（Union of the German Sugar Industry）、キューバ砂糖安定化院（Instituto Cubano de Estabilización del Azúcar：ICE）は法的に政府を代表し、ポーランド砂糖貿易協会（Poland Sugar-industry Trade Association）は課税権を有していた。またジャワ、ハンガリー、チェコスロバキアは、輸出許可制度のもとで、合意を実施することになっていた。ベルギーはすべての製糖業者が民間法人組織として署名したので、国内における立法措置は不要であった（Swerling［1949：44-46］）。キューバはチャドボーン合意に参加した９か国以外の砂糖生産国、日

（１）1931年国際砂糖協定（International Sugar Agreement 1931）とも称されるが、一般的にはチャドボーン合意。合意本文は The Brussels Sugar Convention of 1931［1931］参照。

本、ドミニカ共和国、ブラジルにも参加を呼び掛けたが失敗した。しかしメキシコは生産制限を実施し、英国は西インド植民地産糖に輸入割当枠を導入し、フランスでは製糖業者と砂糖生産者との間で、私的な生産調整が行われ作付面積と在庫の調整を図った。

チャドボーン合意は私的な要素を含みつつも、世界の主要砂糖生産国が参加する国際商品協定の性格を有するものとなった。しかし合意の主眼目であった砂糖余剰在庫の解決は困難を極めた。1931年9月の時点で、ヨーロッパ参加国の余剰在庫分だけで100万トンを超えていたし、市場に放出する砂糖量を制限することで、砂糖価格の上昇を期待した目論見も外れた。とはいえ世界全体の砂糖在庫量が1931年1,240万トンから1935年900万トンへと340万トン減少したことは、同合意の一応の成果とみることもできる。事実チャドボーン合意参加国の、世界の砂糖総生産に占める割合は、50％から25％に減少した。

この間米国の特恵措置を受けるプエルトリコ、フィリピン、ハワイはそれぞれ100万トン以上の生産量となり、チャドボーン合意に参加していないインド、日本は生産を増加させた。当初の予定通り1935年8月末、チャドボーン合意は延長されることなく効力を失った（Dye and Sicotte［2006］, Swerling［1949：49-50］）。

この間キューバと米国の二国間にも、砂糖をめぐり大きな動きがあった。1934年5月、砂糖法とも呼ばれるジョーンズ＝コスティガン砂糖法（Jones-Costigan Sugar Act）が成立した。ジョーンズ＝コスティガン砂糖法は1933年に発足した民主党ルーズベルト（Franklin Delano Roosevelt）大統領によるニューディール立法の一つで骨子は、1．甜菜、サトウキビ生産者への正当な利益配分。2．砂糖労働者に配慮した所得分配。児童労働を排除すること。3．生産調整により、砂糖価格を安定させる。4．フィリピン、ハワイ、プエルトリコ、バージン諸島の砂糖生産量を一定程度制限する。5．キューバ糖の対米輸出の減少を抑え、輸出収入を米国製品輸入に向かわせる。6．農務長官に砂糖割当を含めた仲裁役を担わせる、以上の6項目である（尾上［1982：88-89］、瀧川［1959：65］、Ballinger［1971：39-40］）。

大恐慌を境にした世界経済の激動の中で、不況打開のための多国間取り決

フィリピン　ネグロス島　アジアで最も大きな製糖工場正門
（筆者撮影）

めの枠組みが一次産品産出国と輸入国間で、国際連盟の話し合いの場などを利用して模索された。その中でも一次産品の安定化の国際協調の成果として評価されるのは、1937年に成立した国際砂糖協定（International Agreement Regarding the Regulation of Production and Marketing of Sugar: 1937ISA）である。同協定は1933年に成立した国際小麦協定と並んで、国際商品協定の先駆的な取り組みとして評価されている。以下同協定の成立過程について、キューバの砂糖外交と日本の砂糖業界の対応ぶりも含めて検討したい。

（3） 1937年国際砂糖協定（1937ISA）

1937年に成立した国際砂糖協定の推進役を果たしたのは、チャドボーン合意と同様、キューバの砂糖産業関係者であった。国際砂糖協定成立の前段階の経緯として触れねばならないのは、1933年6～7月に開催された世界通貨経済会議（ロンドン）における、国際砂糖会議開催についての合意である。この間のプロセスを、日本の砂糖業界の団体である日本糖業連合会は概要次のように伝えている（中村編［1937：6-7］）。

> 国際砂糖評議会は1933年3月、国際連盟に対して砂糖問題を会議の議題に加えるように要請した。1925年以来国際砂糖問題解決のために常に主動的立場をとってきたキューバは、通貨経済会議に対して、国際砂糖協定案を提出した。
>
> 国際砂糖評議会は審議の末、キューバ案とほぼ同じ内容の提案を提出し、参加国の大半は賛同した。キューバ首席代表のフェラーラ（Orestes Ferrara）は「キューバはこれまで砂糖に関する国際的協働にて常に主動的地位をとってきた。キューバが現在希求するのは、供給過剰状態にある世界で糖業の拡張がこれ以上行われないことである。キューバは輸出国グループによって払われた犠牲が他の輸出国グループの協力によって支持されんことを希望する」。
>
> 英国はこの提案に反対の立場をとった。英国政府としては、チャドボーン協定に加盟していない産糖国に、直接生産制限する方法を勧告する。その後1933年中は国際砂糖評議会のあらゆる努力にもかかわらず、国際会議実現の方向に向かっては、ほとんどなんらかの進歩も見られなかった。

日本糖業連合会は上記のように、キューバ代表団が率先して新たな国際砂糖協定の締結を模索し、そのための原案を国際連盟に提出したと伝えている。基本的な考え方は、消費国側には安定的かつ適切な価格での砂糖供給を保証し、生産国には価格変動を少しでも和らげて一定の生産量を確保することであった。その方策はチャドボーン合意とほぼ同様で、価格変動に応じつつ、輸出割当を実施することである。

1937ISAでは、基本的には輸出割当の実施(2)、砂糖消費の促進、国際砂糖協議会の設置、自由市場の砂糖需給予測を行い、輸出割当を調整する。協定非参加国により被害が生じた場合は、協定国は有効な対抗措置をとること、などとされている。

両大戦間期、国際連盟は世界経済ブロック化の混乱を、国際協調によって乗り切ろうと尽力はしたが「連盟全体がそうであったように失望と敗北の歴史を表現」（藤瀬［1994：1］）することになった。しかし国際小麦協定やここで紹介している国際砂糖協定のように、この時期に成立をみた国際商品協定

（2）各国の自由市場向け輸出割当は以下のようである。オランダ（海外領土含む）105万トン、キューバ94万トン、ドミニカ共和国40万トン、ペルー33万トン、チェコスロバキア25万トンなど。League of Nations［1937：11］による。

もあった。国際連盟は国際経済の危機を打開すべく、世界経済会議（1927年開催地ジュネーブ）、世界通貨経済会議（1933年同ロンドン）を開いた。日本はこの会議に大きな期待を寄せて、大規模な代表団を編成した。以下1937ISA 成立に至るまでの経緯について、日本とのかかわりも含めて紹介する。

国際砂糖会議は世界通貨経済会議で開催が決まり、国際連盟の呼びかけで、1937年4月ロンドンで開催された。参加したのは英米両国をはじめキューバ、英領インド、ジャワ、ドイツなどの主要砂糖生産・輸出国と消費・輸入国の計22か国である。砂糖の輸出国と輸入国の双方が初めて参加し、会議の成果に期待が寄せられた。キューバからは、砂糖産業団体を代表してゴメス・メナ（José Manuel Gómez Mena）、ポルトゥオンド（Aurelio Portuondo）、マニャス（Arturo Mañas）、アングロ（Rafael María Angulo）、ファレス（Edelberto Farres）の5名が参加したが、開催国である英国の6名に次いでベルギーと同数の、2番目に大きな参加者数の代表団であった。会議議長は英国憲政史上初めての労働党政権のマクドナルド（Ramsay MacDonald）元首相が務めた。

1937ISA では、新たに設置される国際砂糖協議会（International Sugar Council：ISC）の議決権が輸出国グループと輸入国グループにそれぞれ55票、45票計100票付与されたが、キューバは輸出国の中で最多の10票を得た。輸入国グループでは英国と米国がそれぞれ同数17票で、最大の影響力を有した。4月5日開催の第二回全体会合の席で、ポルトゥオンドはキューバの立場について、次のように説明している（League of Nations [1937：33]）。

> 本会議は砂糖輸出国の厳しい状況を改善するために、過去10年間払われてきた努力の結晶である。キューバは世界最大の砂糖輸出国というだけでなく、砂糖が国家経済の盛衰と直接結びついているので、過去10年間にわたり世界の砂糖生産を調整するために中心的な役割を果たしてきた。第一次大戦中にキューバは500万トン以上に生産量を増やしたが、大戦後はヨーロッパの甜菜糖生産が再興して生産過剰状態となった。そこでタラファ（J. M. Tarafa）大佐の使節団をヨーロッパに派遣し各国と交渉した。1931年のチャドボーン合意にはジャワも加わり国際砂糖協定が成立した。この協定は失敗し

たが、それは協定自体によるものではなく、多くの砂糖生産国が増産に走ったからである。キューバ代表団は参加国すべてが現在の世界の自由市場の苦境が生む負担を平等に分担し合うような合意に達することを期待する。

会議最終日となった5月6日の第9回全体会議で、マクドナルド議長は1か月以上にわたる議論の末、多くの相違点にもかかわらず実質的な合意に達したことを歓迎すると、次のように発言した（League of Nations［1937：35］）。

生産国が最終的に判断基準とするのは、消費量の増加分だけなので、消費国の不利益とはならずに、砂糖産業の安定化に寄与するだろう。輸出割当は生産過剰を抑制するのに役立つと期待する。国際砂糖会議は世界通貨経済会議（1933年）の成果であり、国際協力の進む道をより力強いものにした。

ポルトゥオンドは会議の成果について次のように述べている（League of Nations［1937：66］）。

著しく困難な国際問題が存在する中で、20か国以上が参加する会議の成果として、このような実質的な内容の合意が達成されたのは画期的である。キューバ代表団は、合意の内容が「あらゆる事例において、望ましい価格を決める際に、消費国の利益を慎重に検討しなければならない」という原則に達したことを歓迎する。

ゴメス・メナはキューバ帰国後、国際砂糖協定の成果について要旨次のように総括している（中村編著［1937：70-71］）。

現在の自由市場の消費額はチャドボーン合意の約半分と見られているが、1937年協定ではキューバはむしろより多くの割当を与えられた。毎年30万トンの在庫を認められたことで、砂糖の十分な供給が確保される。世界糖価を正常な水準に保つことも可能となろう。

ここでゴメス・メナが強調する自由市場とは、砂糖の国際取引から当時英国、米国、フランス、オランダなどが植民地・属領・自治領との間で結んでいた砂糖の特恵措置による取引を除いた市場を意味している。要するに砂糖の国際取引は、現在でも継続しているのだが、自由市場と特恵市場の二つに分かれていて、ほぼ市場全体を二分していた。キューバは自由市場への砂糖輸出を伸ばそうとする一方、米国との特恵措置の維持・継続を強く願っていた。米国は国際市場価格よりも50～100％上乗せした価格で、キューバ糖を輸入していたからである（Viton［2004：1］）。

1937ISA について、日本サイドはどのように評価していたのか、若干長文になるが以下要点を抜粋する（山下編著［1937：55-57］）。

> 国際砂糖協定（チャドボーン合意）が1935年に満了したことを受け、英国政府が国際連盟を動かして新規の国際砂糖協定を計画した。チャドボーン合意は欧州側では1935年８月末、キューバは1935年末、ジャワは1936年３月末満了した。1936年１月、ブリュッセルにて国際砂糖委員会が開催された。1936年５月１日、在英日本大使館より外務当局を通じて日本糖業者に対し、加盟方如何を照会してきた。糖業連合会は、漸く自給自足の域に達したばかりで、国際協定に参加すべき必要に迫られていないし、日本糖が協定に参加しなくとも、国際市場に対して何ら影響するとは考えられない。ゆえに右協定に参加すべき必要を認めずとの意見一致を見た。日本糖業連合会の名をもって商工省貿易局へ正式回答した。1937年１月、国際連盟事務局は、４月５日ロンドンにおいて国際砂糖会議を開催することを決定した。３月に至り、英国外務省より重ねて代表派遣を申し込んできた。諸種の情勢よりオブザーバー１名を出席させることになり、在英日本大使館員小滝三等書記官が出席した。国際砂糖協定の目的は自由市場を維持し、砂糖の消費を増進し、自由市場の領域を拡大すること。1937年国際砂糖協定では自由市場の需要に調整された輸出割当制を設けた。

引用文中にあるように、国際連盟と英国政府は熱心に日本の参加を要請したが当初は参加を見送り、最終的には在英日本大使館員一名をオブザーバーとして参加させた。興味深いことに、オブザーバーとして出席した小滝書記官は、日本政府からの訓電として、日本政府は協定の内容を無効にするような砂糖輸出の増加を行う意思はなく、「可能な限り協定の定める精神を尊重する」という文書を提出した。さらに小滝書記官は、この文書は会議の意図を十分に満足させるものではないだろうが、締結される合意の詳細について、日本政府は十分な情報を持ち合わせていないので、現時点で将来を拘束するような発言は困難であることを理解してほしいと発言している（League of Nations［1937：32］）(3)。

1937ISAは第二次大戦の勃発により機能不全に陥ったものの、1942年まで5年間継続した。協定の骨格はその後50年間にわたり、国際商品協定の原型となったと評価されている（千葉［1987：191］）。上述のようにキューバの砂糖外交は、国際砂糖協定の成立に大いに貢献した。第5章で論じたように、砂糖の国際協定をめぐるキューバ外交の経験値は、国際貿易機関（International Trade Organization：ITO）設立に向けての国際会議であるハバナ会議とハバナ憲章起草に結びついたのである。

第2節　第二次大戦後の国際砂糖協定

大戦後の国際砂糖協定の経緯は以下述べるように、自由・無差別・多国間(4)の原則を目指した戦後の国際経済秩序の枠組み成立と深くかかわっている。本節では1953年に成立した国際砂糖協定から現在に至るまでの国際砂糖協定の一連の流れを考察する。

あまねく知られるように、第二次大戦勃発の遠因として、1929年の大恐慌以後、西洋列強諸国のブロック経済が進み、保護貿易主義の台頭、為替引き下げ競争の激化、さらに日本の大陸侵攻策なども絡み合いながら、これを防げなかったという理解が共有されてきた。

このような共通認識への反省に立ちながら、米英を中心とする連合国は大戦後の世界経済再建のため、国際通貨基金（International Monetary Fund：IMF）、世界銀行（the World Bank：WB）、国際貿易機関（International Trade Organization：ITO）の創設を計画した。1944年に米国の首都ワシントン郊外で開催されたブレトンウッズ会議では、もっぱら各国の金融・財務関係者が

（3）小滝書記官は小滝彬（1904～1958年）のことで、外交官から戦後政界入りし、1958年、石橋湛山政権発足時に防衛庁長官として閣僚入りした。詳細は小滝彬伝刊行会［1960］。

（4）多角化という言葉もしばしば使われているが、国際商品協定の場合は多国間による取り決めを目指したものであるので、本章では多国間とする。

出席したこともあり、IMF と WB の設立は決議したが、通貨制度を補完するための貿易制度の必要性を承認するにとどまり、世界貿易の在り様をめぐる中心的な機能を有する国際組織の設立については、未達成であった（ジャクソン［1990：14］）。

本書第５章で論じたように、大戦後の国際貿易の基本理念を具体化するための枠組みとして、ITO は自由・無差別・多国間の原則を提示した。それは、通商上の障害の軽減や撤廃だけでなく、雇用促進、途上国の経済開発・復興、制限的商慣行の抑制や政府間商品協定などを含めた、世界経済・貿易の均衡拡大を目的としたものである。ラテンアメリカ諸国を中心とする途上国が多数派を占めたので、当然の成り行きではあった。しかし米国の基本的な立場は、「無差別原則に基づく自由貿易体制」であり、そのことは1946年９月米国が発表した「ITO 憲章試案」に表れている。試案では明確に無差別原則による「自由貿易」が主張され、先進工業国も途上国も同じ条件のもとでの通商関係を前提としていた（USDOS［1946］）。

しかし経済発展を目指す途上国にとり、工業化のための保護政策は必須で、「無差別原則」とは相いれないものである。ITO 設立協議はスタート時点で、すでに同床異夢の状態を抱えていた。結果的に暫定的な取り決めとして関税と貿易に関する一般協定（General Agreement on Tariff and Trade：GATT）が成立する。以下述べるように、国際商品協定のイシューで途上国と先進国の間の対立が顕在化するのは、1964年に発足した国連貿易開発会議（United Nations Conference on Trade and Development：UNCTAD）の場面である。高揚する資源ナショナリズムの流れは、国際商品協定の役割を強化し、一次産品取引の世界に市場機能の調整の必要性を迫った。

（1） 国際商品協定と砂糖

ITO 憲章第６章政府間商品協定では、第55条から第70条にわたり、国際商品協定の意義と役割を詳述していた。協定の目的は、一次産品の持つ特性として、生産と消費の持続的な不均衡、在庫の蓄積、価格変動により生産者と消費者に重大な悪影響を及ぼすことがあるので、政府間の特別な取り決めを必要とする、と述べている（ECOSOC［1948：69］）。

砂糖の場合、上記の特性に加えて以下のような例外的な特徴も有している。一次産品は発展途上の南の国々で生産されると認識されがちであるが、砂糖は北に位置する先進国でも甜菜が生産されていて、途上国と先進国双方で生産する作物で、各国の利害対立は錯綜しやすい。また次のような性質もここで改めて確認しておく。サトウキビは宿根性作物で、植え付けてから収穫まで短いもので9か月、通常は12～13か月、長いものでは20か月以上の生育期間を要する。したがって単年度で作物転換することは、現実的には農家にとり経済上大きな打撃となる。台風やハリケーンなどの自然災害に対して、他の作物と比べて耐性があるため、生産国は相場の変動に関係なく、サトウキビ栽培を継続する傾向がある。また甜菜は輪作を構成する大事な作物である。要するに作物転換が困難であるために、生産は慣習化・固定化しがちで、価格変動への弾力性は小さく、潜在的に過剰生産を生む可能性が高い（沖浜［1990：245-247］）。

さらにサトウキビと甜菜の両方に当てはまることだが、生産地は相対的に低所得地域が多い。例えば米国の場合、サトウキビはルイジアナ州などの南部であるし、甜菜はミシガン州、ネブラスカ州など中西部が主な生産地である。日本でも前者は沖縄と鹿児島の離島が中心であるし、後者は北海道である。したがって政治的にも、主要作物である砂糖は保護を受けやすい。

一般的に国際商品協定には輸出割当、緩衝在庫（一定量を備蓄し、価格が上昇する際には市場に放出し、反対に価格が下落する際には買い上げることで、価格安定化を目指す）、多国間契約方式（最高・最低価格を決め、一定の保証された数量を輸出入する約束を多数の国の間で契約する）の三つの方法があり、これにより市場の安定化を企図する。しかし国際商品協定は意図するような安定化目標を達成できずに、今日ほぼすべての商品協定が機能不全に陥っている。その要因として次の点が指摘される。

国際商品協定参加国は、当該商品の市場価格の変動に応じて、生産・輸出量を調整する。しかしその目標とする市場価格帯の水準が、市場の実勢価格から乖離して、しばしば硬直的に運営されてきた。国際錫協定の例では、協定非参加であった有力錫生産国が安値で輸出攻勢をかけたことによって、本来は減産すべきところを、緩衝在庫として高値で買い入れたために、結局財政的に破綻してしまった（千葉［1987：第3章]、平島［1990：11-13]）。

協定に参加する国と参加しない国の市場占有率（＝支配率）も、国際商品協定の行き詰まりの要因としてあげられる。砂糖の場合は以下見るように長年にわたり欧州連合（European Union：EU）(5)が協定に非参加であったために、協定の機能はかなり低下した。緩衝在庫を維持するための資金不足、市場介入のタイミングの難しさなども指摘されている。さらに国際砂糖協定の場合には、輸出割当（基準輸出可能量＝Basic Export Tonnage：BET）の配分をめぐり主要輸出国間で激しい駆け引きがあり、結果的に世界の砂糖消費量を上回る水準になってしまったことも、協定が頓挫した要因の一つとなった。

国際砂糖協定の市場安定化のための手続きの概要は、おおむね以下のようである。まず協議の前提となったのは、事務局が作成する世界全体の砂糖の予想消費量である。予想消費量から特恵市場（英連邦、米国輸入割当、ソ連邦など社会主義諸国）を除いた、自由市場の輸出割当を決める。このため自由市場は、余りもの市場（residual market）と呼称されることもあった。

輸出割当の積算は、過去の輸出実績や生産量、政治的な配慮などによる。輸出割当という名称は、協定交渉の進展につれてBET、その後参考輸出可能量（Reference Export Availability：REA）などと派生するが、基本的な考え方は同じである。例えばREAの計算方法は、（期首在庫＋国内生産量）－（国内消費量＋期末在庫）である。これはBET＝輸出可能な生産量に、期首・期末在庫の増減を加算したものである（塩崎［1985：86]、松岡［1959]）。

ここで国際砂糖協定と日本の精糖業界の関係について付言する。業界を代表する団体である精糖工業会は、主要な国際会議にメンバーを派遣し、情報を収集していた。会議での政府としての公式な見解を発言する場面では、もっぱら外務省担当官が登壇したが、砂糖取引の詳細な内容は農林省職員、精糖工業会からの参加者がフォローしていた。

日本はかつては世界有数の砂糖輸入国であり、1960年代は特恵市場を除く

（5）本稿ではEEC、ECを統一してEUと表記する。欧州経済共同体（European Economic Community：EEC）は1958年に発足し、欧州共同体（European Community：EC）を経て、マーストリヒト条約により1993年にEUが発足した。

と、150万トン前後を輸入する主要な市場参加国であった。1970年から1980年代にかけても、日本は自由市場の最大の輸入国の立場を維持していた。しかし1990年代にはいると、輸入量は急速に減少した。2021年のデータでは、日本の輸入量は128万4,000トンで、中国（輸入量592万5,000トン）、インドネシア（同509万3,000トン）、バングラデッシュ（同243万1,000トン）などの国々と比べると、もはや砂糖の国際市場における影響力のあるプレーヤーの地位を失った。1960年代から70年代にかけて、砂糖をめぐる国際会議の場で、日本は時としてカナダと共に、目標価格の設定、緩衝在庫の費用負担などについて積極的に発言した。米国人で国連食糧農業機関（Food and Agriculture Organization：FAO）の担当官として多くの主要な国際砂糖会議に出席したヴィトン（Albert Viton）は会議での各国出席者の発言を几帳面にメモしていた。例えば「日本代表のOhkuchiは、玉ねぎの皮のような用紙に書いたメモでいっぱいになったバッグ抱えて、鋭い質問で会場の全員に感銘を与えていた」と記している（Viton [2004：85]）。

（2） 国際商品協定の流れ

さて、ここまで国際商品協定の内容、問題点、砂糖生産と取引の特徴、輸入大国日本の立ち位置について簡述したが、これらを踏まえたうえで、以下時系列で過去に成立した国際砂糖協定について述べる。

1953年国際砂糖協定（1953ISA）　　開催地ロンドン　5年間有効。日本はオブザーバー参加し、吉田茂政権下の1954年に国会承認を経て批准した。第二次大戦により機能停止していた1937年国際砂糖協定（1937ISA）とほぼ同じ内容で、自由市場向けの輸出割当を通じて砂糖価格の安定を企図したものである（United Nations [1953]）。1937ISAにより設立された、ロンドンに事務局を置く国際砂糖協議会（International Sugar Council：ISC）[6]は、大戦を

（6）ISCは1937ISA第6章第29条にて設置決定され、事務局はロンドンに置かれた。事務局の運営費用は加盟各国の拠出金により賄われた。1953ISAによりあらためてISCの存続が決まった。1953ISA第13章第27条は、1937ISAで設置されたISCの機能を引き継ぐと規定している。1968年、ISCは発展的に解消され、国際砂糖機関（International Sugar Organization：ISO）が設立された。

はさんで存続した。ISC は1948年、新たな協定締結に向けて準備会議の開催を企図し、国連事務総長に対して、新国際砂糖協定について協議するための国際砂糖会議の開催を要請した。

1953ISA は1937ISA と同様に、英連邦と米国の特恵協定は自由市場には含まれない、と明確に特恵市場を認めている。すなわち1953ISA 協定第7章第16条は、英連邦砂糖協定で定める輸出について、さらに同第17条にて米国の国内消費のための同国への砂糖輸出割当（米国側から見ると輸入割当）は、自由市場への輸出割当から除外すると規定している。

1951年の英連邦砂糖協定（the Commonwealth Sugar Agreement）では、ポンド・スターリング地域にあった豪州、南アフリカ、モーリシャス、英領西インド諸島などのサトウキビ生産国に対し、砂糖増産の助成と販路を確保するため、自由市場での国際取引価格に上乗せする価格の設定、数量割当などの特恵的な取引条件を設けた。また米国は1948年の改正砂糖法（Amendments to Sugar Act of 1948）により、1938年の地域別割当制度を復活させ、フィリピン、キューバ、プエルトリコなどからの砂糖輸入に割り増し価格の設定や数量割当などの優遇措置を適用した。

ここで特筆すべきは、大戦前後でキューバの砂糖生産は約2倍に増加していたことである（第5章表5-2参照）。ヨーロッパ大陸の甜菜生産は戦時動乱で大きく減少し、英連邦の南アフリカ、モーリシャスなどのサトウキビ砂糖生産も、戦争の影響を受けて大幅に減少していた。かくして戦禍を免れたキューバの砂糖生産国としての国際的地位はゆるぎないものとなった。このことは国際砂糖協定をめぐる一連の国際会議でのキューバの発言力、影響力を一層強固なものとした。

協定で各国の合意を取り付けるうえで、最もセンシティブな内容は、輸出割当の配分方法である。1953ISA の基本的な輸出割当メカニズムは、1937ISA の方式を踏襲したものである（松岡［1959］）。各割当年度の開始に先立って ISC は自由市場の予想純輸入量を積算し、その数量を基準輸出トン数（BET）に比例して各加盟輸出国に割り当てる。この最初の国別輸出割当量（Initial Export Quota）はその後の砂糖相場の変動に応じて随時修正され、実際の輸出割当（Export Quota in Effect）となる。

若干詳細になるが、そのメカニズムは以下のようである。砂糖の国際価格につき、ポンド当たり最高4.35セント（ニューヨーク砂糖取引所第4号約定現物相場。キューバ港船側渡し）から3.25セントの安定価格帯を設定し、糖価が一定期間最低価格を下回ると、BETの80％までを限度として理事会が各国の実際の輸出割当量を削減する（以下本稿では最高価格、最低価格は、この安定価格帯を指す）。糖価が一定期間最高価格を上回ると輸出割当を増加し、手持ち在庫放出の措置をとる。反対に最低価格を下回ると、在庫を積み増す。このようにして国際砂糖価格を、安定価格帯内に定着させる仕組みは、その後の1958年、1968年、1977年の国際砂糖協定に踏襲された。

1958年国際砂糖協定（1958ISA）　開催地ロンドン　5年間有効。1958年9月、ISCはジュネーブで開催された国際砂糖会議で新協定の締結交渉を国連に要請し、58年9月から10月にかけて国連砂糖会議をロンドンで開催することで合意した。1958ISAの基本的な枠組みは1953ISAと同じである。1953ISA発効後、ブラジル、ペルーなどの協定非参加国の対自由市場向け輸出は、1954年から57年の間に111万7,000トンから184万2,000トンへと約1.65倍に増加した。このため非参加国の加盟を促すことが大きな狙いであった。結果的にブラジルとペルーは参加を決めた。その際に、両国のBETは実績よりも割り増しした量となった（塩崎［1985：7月号No.46］）。

世界の砂糖輸入市場で中心的なプレーヤーであった日本は、特に最低在庫保有義務について発言している。これは1956年のスエズ動乱の際に、糖価が暴騰した経験を踏まえたもので、砂糖在庫の最小保有量を、BETに対して従来の10％から15％に引き上げるよう主張した。議論の末、輸出国の費用負担も考慮して、12.5％で落ち着いた（Viton［2004：89］）。

1958ISAは、長期にわたる世界の砂糖需給を均衡させるため、砂糖輸出国は定められた輸出量と在庫量の範囲内に国内生産を抑えることや、各加盟輸入国は過去の実績を超えて非加盟国からの砂糖輸入をしないことを規定している。

1958ISAの施行に大きな影響を与えたのは、1959年1月のキューバ革命である。1958ISAが発効したまさに同じ時点で、カストロ率いる革命軍は、キューバの実権を掌握した。社会主義政権の樹立は、歴史的・経済的に深いつながりのあった米国との対立を生んだ。1961年、米国はキューバ糖の輸入割当を削減し、62年以降は輸入割当をゼロとする通告を発した。キューバは最大の輸出市場を失い、両国の外交関係は断絶した。

キューバは新たな輸出先をソ連、中国などの共産圏や、自由市場最大の輸入国であった日本にシフトした（Tanaka［2016］)。従来、米国向けのキューバ糖輸出は、自由市場向けの輸出とはみなされず（協定第7章第17条）（外務省［1958：923］)、輸出割当の枠外実績として扱われていた。キューバは1961年9月、ジュネーブで開催された国連砂糖会議の席上、共産圏向け輸出を従来の米国向け輸出量に見合う数量分だけ、62年及び63年の同国の輸出割当枠に上乗せするよう強硬に主張した。米国はこれに激しく反対する。かくして会議は紛糾し、流会してしまった。

国際砂糖市場に激震の走ったこの間、キューバの対日砂糖輸出は、60年20万4,000トンから61年42万3,000トン、63年には43万1,000トンに急増した（田中［2012a：48-49］、ロメロ イサミ［2022］)。キューバ革命は、国際砂糖協定をめぐる様々な対立要因に、新たに東西冷戦という次元の異なる国際政治のファクターを加味することになる。かくして1958ISAは62年、63年の輸出割当数量を決定できない状態に置かれ、協定は有名無実化した。しかし以下述べるように、1964年に設立されたUNCTADの場で、発展途上国は声高に資源ナショナリズムを唱道することになる。こうして国際砂糖協定は、東西対立と南北対立の、二つのベクトルが衝突する場面となった。

1968年国際砂糖協定（1968ISA）　開催地ニューヨーク　5年間有効。

1958ISAから1968ISA成立までの10年間に、協定をめぐる国際経済環境に、二つの大きな変化があった。一つは先述のように、世界最大の砂糖輸出国であったキューバで起きた社会主義革命が米国・キューバ間に激しい対立を生み、同時にそれが後者のソ連への急速な接近をもたらしたことである。砂糖取引は冷戦と東西対立という国際政治の直接的な影響を受けることになった。

もう一つは、途上国がUNCTADの場で先進工業国に提示した、一連の一次産品の価格安定化と工業化促進への支援要求である。途上国が外貨獲得の資金源としたのはおもに一次産品輸出で、適切な価格設定と安定化を要求した。その中心的な役割を担ったのは、国際商品協定である。貿易上の取引について、従来ハバナ憲章第6章「政府間商品協定」の考え方が一つの規範として受容されてはいたが、UNCTADはこれに代わる新しい原則を提示した。その中で一次産品の国際商品協定は、発展途上国の経済社会発展を促進するためのものであるべきことが、明確に主張された。実際UNCTADの初代事務局長の任にあったアルゼンチンの経済学者であるプレビッシュ（Raúl Prebisch）は、国際砂糖協定をこのような流れの試金石＝ショーケースとしてとらえて、積極的に関与した（Viton［2004：123]）。

1968ISA成立の背景には、上述のような南北・東西問題という国際政治経済環境の潮流の変化があり、国際的にも関心が寄せられた。UNCTAD主催による国連砂糖会議が1965年にジュネーブで開催され、80か国が参加した。会議は輸出国、輸入国それぞれの内部対立などもあり、具体的な結論は出ないまま散会し、その後膠着した状態が続いた。

1968年になるとプレビッシュ事務局長の肝いりで、UNCTADの勧告により、常設機関として国際砂糖機関（International Sugar Organization：ISO）が設立され、英国政府高官であったジョンス・パリ（Ernest Jones-Parry）が事務局長に就任した。1968ISA第3章によると、ISO本部はロンドンに置かれ、最高意思決定機関は国際砂糖理事会（International Sugar Council）にあり、1958年に設立されたISC（旧国際砂糖協議会。その後国際砂糖理事会に改組）を継承することになった（外務省［1968]）。UNCTADは硬直した協議の打開を図るためにまず事務局の機能を強化し、解決への道筋を模索したのである（沖浜［1990：245-247]）。

ジョンス・パリ事務局長の呼びかけに応じて、第1回会議には63か国（輸出36か国、輸入27か国）が参加した。輸出入国間で、さらに輸出国の間で、基準輸出量、輸出割当の変動価格帯の最高・最低価格の決定や供給保証条項などで対立した。キューバの砂糖輸出をめぐり、EUは対ソ連輸出を特恵扱いにするのかどうか、さらにソ連からの砂糖再輸出に対して強硬に反対した（平野［1968：35]）。かくして会議は収拾不能の事態に陥った。結局EUは輸出割当量などに不満で、1968ISAには参加しなかった。

1968ISAではキューバ糖の社会主義諸国向け輸出は、輸出割当（BET）の枠外としてこれに算入しないこと。糖価について、日本は最低価格ポンド当たり３セントを主張したが、輸出国は最低価格４セント、最高価格5.5セントを求めた。最終的にはプレビッシュ議長の提案により、最低3.25セント、最高5.25セントの線で落ち着き、成案となった（Viton［2004：161］）。上述のような経緯を経て、1968ISA は1968年12月にかろうじて合意が成立し、翌69年１月に発効した。砂糖市場の二大プレーヤーである米国と EU は不参加となり、協定の進捗に影を落とすことになる。EU は協定に不参加であったので、自由市場向けに無制限の砂糖輸出が可能となった。

1968ISA の経済条項の概要は次のようである。まず本合意（1968ISA）の基本的な考え方は UNCTAD の勧告を考慮し、砂糖輸出途上国の所得向上に資すること。また市場アクセスを拡大し、先進国の砂糖生産を抑制しつつ、需給バランスの均衡化を図ること。価格安定メカニズムは、1958ISA の枠組みを踏襲し、輸出割当、価格帯と在庫調整による国際糖価安定を基本とし、発展途上国の輸出割当に上乗せする形で15万トンの特別予備枠（Hardship Fund）を設ける。輸出国は輸入国に対して、ポンド当たり6.50セントで輸出義務を負う供給保証条項を新たに追加する。特恵条項については、英連邦砂糖協定、米国砂糖法に基づく同国向け輸出は、輸出割当から除外する。キューバの年間輸出割当は215万トンとし、キューバからの対共産圏輸出は、この輸出割当から除外される。ソ連は輸出割当には勘定されない110万トンまでの輸出を認められた。ソ連はキューバ糖を輸入し、東欧諸国に再輸出し、さらにそこから自由市場に迂回輸出することが可能となった。

1968ISA は有効期間５年間でスタートした。しかしこの間世界経済は、1971年のニクソンショックによるドル・金交換停止とそれが引き起こした国際通貨不安、第三次インド・パキスタン紛争、1973年のオイルショックによる一次産品の高騰と非産油開発途上国の経済危機など、未曽有の混乱を経験した。糖価は1973年末に、史上最高のポンド当たり14セントを記録した。かくして1968ISA が企図した砂糖の価格安定と安定供給の機能は、所期の目的を達することはできずに「国際糖価は天井知らずの暴騰を続け、1973年に消滅する」（塩崎［1985年６月号 No.48：20］）に至ったのである。

1973年国際砂糖協定（1973 ISA）　開催地ジュネーブ　１年間有効（但し

1976年まで延長可能で、さらに1年ごとに延長可）。1968ISA は1973年12月の失効を目前に控え、新たな協定に向けての協議がスタートした。UNCTAD 事務局は、国連砂糖会議を1973年5月にジュネーブで開催することを決定した。新協定の草案は73年2月に ISO 事務局長から UNCTAD 事務局長に送付されていたが、輸出入国間の対立は激化していた。

キューバはポンド当たり最高価格9セント、最低価格6セントを求めた。さらに供給保証価格（自由市場の糖価が異常に高騰した際に、輸出国は供給を約束することとし、その販売価格）を11セントとする。その見返りに、国際価格が下落した際には、砂糖輸入国は買い付けを保証する制度などを提案した。輸出入国間の対立を緩和するため、議長の再提案が提示されたが、大多数の砂糖輸出国は賛成したものの、キューバは強硬に反対した（Viton［2004：190-191］）。この場で主要輸入国である日本はカナダと歩調を合わせて、最高価格7セント、最低価格4.50セント、供給保証価格8.25セントを提案した。農林水産省の担当官であった塩崎嘉一は「日本は発展途上国に対する外交的配慮もあり、もしカナダが議長裁定案を承諾するのであれば、裁定案を呑まざるを得ないとの方針を固めたが、カナダが予想以上に強硬であった」（塩崎［1985年10月号 No.49：11］）と記している。

輸出国と輸入国はそれぞれ供給と買い付け保証の約束に関して、特に不履行の際の罰則規定をめぐり対立した。ブラジル、アルゼンチン、フィリピンなどは砂糖輸出拡大を図っていて、BET 配分の増量を求めていた。国際砂糖協定はもともと過剰生産とそれによる価格下落を抑制するために制度が設計されていて、緩衝在庫の費用負担については明確に規定されていない。世界経済に資源ナショナリズムと石油危機の嵐が吹き荒れる中で話し合いは難航し、結局議長の裁定案は否決されて、経済条項を欠く内容となった。なおEU と米国は参加した。

1977年国際砂糖協定（1977ISA）　開催地ジュネーブ　5年間有効。EU は不参加。米国は参加したが、議会の批准は遅れた。ソ連は参加。

上述のように1970年代は世界経済にとり波乱に富んだ時期で、国際砂糖協定も同様に、容易には出口の見えない着地点を模索していた。まず砂糖の供給面では、ソ連産糖が凶作に見舞われ、さらにキューバ糖も大幅な減産傾向であった。このためソ連は自由市場での大量買い付けに向かった。1974年にはヨーロッパの異常気象により、自由市場向けの砂糖輸出量は前年の約半分の85万トンに激減した。こうした中で、日本の砂糖業界は豪州との砂糖買い付けの長期契約を結んだが、市況の激変もあり、結果的に相当な損失を生んでしまった(7)。

実際1974年には、国際砂糖価格は史上最高値ポンド当たり57.17セントを記録した。資源ナショナリズムは先行きの供給不安を生み、投機マネーが一次産品取引の場に流れ込んできた。自由市場価格は、米英の特恵価格を下回っていたものが逆転したため、米英向けに砂糖を輸出していた国々は態度を豹変させ、自由市場に輸出先を転換した。このため米英は国内消費不足分を自由市場から輸入する事態に陥った（塩崎［1985年11月号 No.50］)。

1976年4月にジュネーブで最初の国際砂糖会議が開催されたのは、このような激変する国際環境のもとであった。結果的には、このときの協定内容は、UNCTADの場で主張されていた、一次産品貿易をめぐる途上国の要求を受け入れたものと解釈できる。特別在庫融資基金の設立（第12章)、内陸国である開発途上にある加盟輸出国への優遇措置、砂糖産業において公正な労働基準が維持されることを確保する（第15章第63条）などは、画期的な内容であろう（外務省［1977：362］)。

BETの計算方式も見直され、一定の基準に基づく計算式（＝フォーミュラー）により、自動的に算出される方式が取り入れられた。従来は各国間で政治的な駆け引きの舞台ともなっていたBETの割り当てが、客観的に決められることになったのである。

特別在庫融資基金の事務処理は、以下のように実施された。各加盟国は輸出入の都度、その数量に応じて一定額の拠金を払うが、協定文では輸出入国のどちらが負担するのかは明記されず、責任区分は不明確であった。加盟輸入国に輸出された砂糖に対する拠金徴収業務は輸入国で一括実施の上、基金に送付する。但し負担は輸出入国で折半した。実務的にはISOが証紙

（7）豪州との長期契約については、本書第1章「日本製糖業の現状と課題について（前半)」参照。

(stamp）を輸出入国に販売する。輸出者または輸入者は輸出入量に見合う拠金証紙を通関申告手続き書類に添付する。日本ではこの作業は、農林水産省傘下の糖価安定事業団[8]が担当した（塩崎［1986年2月号 No.53］)。

しかし結果的には、輸出割当と特別在庫の、価格安定に果たした効果は大きくはなかった。そもそも砂糖協定は、生産過剰による輸出価格の下落を防ぐための、輸出国同士のカルテルが基本構造としてある。干ばつなどの自然環境の変化で、生産量が減少し価格が高騰すれば保有在庫の放出により、価格を下方に誘導するメカニズムが想定されてはいた。だが実際には保有在庫の量は不十分で、かつ、砂糖の需給には自由市場と特恵市場の二つが併存しているために、市場の調整機能は限定されていた。一次産品の中でも砂糖は最も価格変動が激しい商品の一つであるが、それは自由市場についてのみいえることである。特恵市場を持たない輸出大国であるブラジル、タイなどは自由市場向けの輸出に依存していたから、激しい競争も生じていた。またこの時期に、1977ISA に参加しなかった EU は、補助金付きの安値で、自由市場向けの砂糖輸出を増加させている。外務省員として長年国際商品協定の交渉に携わった経験のある千葉泰雄によると、ISA1977の失敗の主因は、EU の不参加にあるという。EU は1980年以降自由市場への最大の輸出国となり、EU と発展途上国の間で結ばれていたロメ協定で輸入した砂糖120万トンを再輸出した。さらに BET がかさ上げされたこと、特別在庫の数量が少なすぎたとも指摘している（千葉［1987：72-73］)。

1984年国際砂糖協定（1984ISA）　開催地ジュネーブ　2年間有効。経済条項なし。EU の提案により、1983年5月ジュネーブで国連砂糖会議が開かれ、新たな ISA 成立に向けた動きがスタートした。甜菜糖の急激な生産増のために、砂糖価格は下落していた。当時 EU の対自由市場向け輸出は、全体の25％を超えていたため、EU を ISA に参加させることが、至上命題となっていた。この会議では BET に代わる新しい指標として REA が提案された。REA は国別の配分数量を市場需要に合わせて調整する方法で、この

(8) 糖価安定事業団は1965年に設立されたが、1981年蚕糸砂糖類価格安定事業団となり、2003年独立行政法人農畜産業振興機構に改組され、現在に至る。

とき提案された数量は1980年、81年、82年の輸出実績をもとに作成されたものであった。ジョンス・パリ前議長に代わり、新たに議長に就任したアルゼンチンの元農業大臣ソレギエタ（Jorge Horacio Zorreguieta）はREAの総量を2,000万～2,100万トンと推計した。しかし結論を先述すれば、国別配分量で合意できず決裂し、1984ISAは経済条項を欠いた、行政上の条文に留まった（塩崎［1986年4月号 No.55］）。

当時EUは1977ISAの規制を受けずに、補助金付きで輸出を拡大していたので、ソレギエタ案では他の砂糖輸出国と比較すると有利であった。当初の自由市場向けREAの議長案はEU540万トン、豪州400万トン、ブラジル270万トン、キューバ270万トンで、キューバはEUの割り当ては不当にかさ上げされたものだとして強く反対した。

いっぽうEUは輸出割当方式そのものに消極的で、緩衝在庫による価格調整機能を推奨し、その規模は600万トンで、負担は先進輸入国の義務とすべきであるとした。米国と英国も同様に、在庫調整による市場調節の有効性を主張した。

上述の議長提案に対して、南アフリカ、ブラジル、キューバなどがそれぞれ対案を提示し調整もされたが、自国の輸出シェアをめぐる激しい係争の場となった。さらに豪州はキューバが協定上の制限なしに、コメコン諸国以外の共産圏諸国に砂糖輸出できるとして、激しく反対した。豪州の懸念は、主要市場である中国市場にキューバ糖が自由に輸出される恐れであった。結局ソレギエタ議長は6月29日、経済条項の締結を断念する旨発言し、行政協定のみ成立することになった。

会議に出席していた塩崎嘉一は当時の様子を振り返って、「EUはひたすら自己主張を繰り返すのみで、他国の提案に歩み寄ろうとする姿勢は一向に見られなかった」、「EUの発言は傲慢とも思えるほど強気一辺倒」（塩崎［1986年3月号 No.54：17、19］）という言葉を残している。

外務省は1984ISAの訳文で、次のようにコメントしているので紹介する(9)。

（9）外務省は国会による批准手続きや官報掲載のために、国際砂糖協定の邦語訳を作成しているが、1984ISA以降、それまでの協定との相違点について（参考）という項目を設けて簡単なコメントを載せている。以下本稿でも同コメントを参照する。

> 本協定は1977年の国際砂糖協定を受け継ぎ、旧協定とは異なり経済条項を含まない。管理規定のみ。将来経済条項を有する新たな協定交渉が行われる場合のための枠組みを提供すること及び砂糖に関する国際協力を推進することを目的とし、国際砂糖機関の組織及び運用規定のみを定める（外務省［1984：58］）。

1984年から1992年までの協定は、経済条項を含まず、行政条項のみの内容でもあるため、外務省作成の訳文に加えられた（参考）というコメントのみ紹介する。

1987年国際砂糖協定（1987ISA）　　開催地ロンドン　2年間有効（1年単位で2回まで延長可）。経済条項なし。

> 1984年の国際砂糖協定が失効したことに伴い作成。経済条項は含まず。将来経済条項を有する新たな協定交渉が行われる場合のための枠組みを提供すること及び砂糖に関する国際協力を推進することを目的とし、国際砂糖機関の組織及び運用規定のみを定める（外務省［1987：1386］）。

1992年国際砂糖協定（1992ISA）　　開催地ジュネーブ　2年間有効（2年ごとの延長可）。経済条項なし。

> 1987年の国際砂糖協定が失効することに伴い作成された。経済条項は含まない。将来経済条項を有する新たな協定交渉が行われる場合のための枠組みを提供すること及び砂糖に関する国際協力を推進することを目的とし、国際砂糖機関の組織及び運用規定のみを定める（外務省［1992：93］）。

結びに代えて

本章では国際商品協定の中でも長い歴史を有する、国際砂糖協定（ISA）の変遷について述べてきた。ISA は20世紀初頭にヨーロッパの甜菜生産国の間で成立したブリュッセル協定を嚆矢とするが、実質的な国際協定の意味合いを持つのは1929年の大恐慌をきっかけとして成立した、チャドボーン合意である。一次産品でありながら、途上国と先進国のいずれにおいても生産が可能な砂糖は、需給量と価格の大きな変動にさらされ、プランテーション型生産様式を持つ途上国に、より強い影響を与えた。大恐慌を境として、米国は自国の砂糖生産農家と精糖業の保護に注力し、キューバは生産調整を図ることで打開策を探った。

国際連盟はこうした一次産品の持つ不安定要素に対処すべく、様々な国際協調を模索した。1933年に開催された世界通貨経済会議もその一環であり、1937ISA が成立している。同会議には日本も参加し、協定には不参加ではあったものの、「協定の定める精神を尊重する」とした。

第二次大戦後、ISA は再スタートをきる。しかし世界最大の砂糖輸出国であったキューバの社会主義革命により、米国が対立姿勢を強め、東西冷戦下で ISA は翻弄された(10)。さらに1960年代の資源ナショナリズムは、南北問題という新たな視座によるスキームを持ち込んだ。このときも既述のように、ISA は国際協調の主要な手段として位置付けられた。日本は国際会議の場で、世界最大級の砂糖消費国としての立場を主張した。興味深いことは同時に、米国と対立する主要輸出国キューバからの砂糖輸入に積極的であったことである（本書第５章参照）。

その後日本は2002年に ISA から脱退することとなり、かつては世界の砂糖輸入大国として、国際会議での発言・主張が一目置かれる存在であった舞台から、退場する選択肢を選ぶこととなった。表６－２は近年日本が脱退した国際商品協定（一部は研究会という名称）の一覧である。国際商品協定そのものの存在意義が希薄になったことも指摘されようが、国際社会における日

表６－２　日本が脱退した主な国際商品協定

2002年	国際砂糖協定（ISA）
2002年	銅研究会
2003年	ニッケル研究会
2013年	一次産品共通基金
2022年	国際コーヒー協定（駐英国日本大使が署名）

出所　Morelli, Antonio, *Withdrawal from Multilateral Treaties*, Brill NIJHOFF, 2022.

(10) キューバが外交手腕を発揮するのは、非同盟諸国会議などの場である。詳細については田中［2012b］参照。

閉鎖されたキューバの製糖工場　（筆者撮影）

本の立ち位置が地盤沈下していることの、一つの証とも受け止められよう。

いっぽう砂糖大国キューバは事実上、砂糖輸出国としての役割を放棄した。キューバの砂糖生産は、1991年のソ連邦解体とほぼ時を同じくして、急激に縮小していった。1990年代後半には400万トン台を維持していたものが、2000年代は100万トン台にまで落ち込み、2022年には日本よりも少ない48万2,000トンにまで減少した。さらに同年には7万トンを輸入する事態に立ち至っている。最大の特恵市場であった旧ソ連邦と東欧諸国を失ったこと。砂糖生産に必要なトラック、ハーベスター（機械式刈り入れ機）や精糖工場の機械・器具の補修部品の入手が困難になったこともある。加えてキューバ人にとり、低賃金の農業に従事すること自体が、魅力のある職業選択としては考えられていないこともあろう。また米国の経済封鎖が続く限り、キューバ糖復活への道筋は容易には見い出せないであろう。

現代の市場メカニズム重視の国際経済体制において、国際商品協定はマネー資本主義のメカニズムに内包されてしまった。しかしOPEC（石油輸出国機構）に代表されるように、国際商品協定の存在意義がすべて消滅したわけではない。激しい価格変化にさらされる一次産品を輸出する途上国にとり、安定的な価格決定メカニズムの構築は、依然として魅力のある課題ではないだろうか。

参考文献

日本語文献

沖浜守［1990］「砂糖」平島成望・浜渦哲雄・朽木昭文編『一次産品入門』アジア経済研究所、243-277ページ。

尾上一雄［1982］「ニュー・ディール立法の真髄とその経済的効果——九三三——九三四年—」『成城大学経済学研究』第77号、53-110ページ。

外務省［1958］『〈定訳〉千九百五十八年の国際砂糖協定』。

外務省［1968］『千九百六十八年の国際砂糖協定』。

外務省［1977］『千九百七十七年の国際砂糖協定』。

外務省［1984］『千九百八十四年の国際砂糖協定』。

外務省［1987］『千九百八十七年の国際砂糖協定』。

外務省［1992］『千九百九十二年の国際砂糖協定』。

小滝彬伝刊行会［1960］『小滝彬伝』私家版。

塩崎嘉一［1985-86］「国際砂糖協定の歩んできた道」第1回～第13回『砂糖類月報』1985年4月号 No.43～1986年4月号 No.55。

ジャクソン、ジョン・H（松下満雄監訳）［1990］『世界貿易機構—ガット体制を再構築する—』東洋経済新報社。

瀧川勉［1959］「アメリカ農業政策と貿易政策—過剰農産物問題への歴史的視点—」『農業総合研究』第13巻第4号、10月、51-86ページ。

田中高［2012a］「日本キューバ貿易小史—通商協定締結の軌跡—」『ラテンアメリカレポート』Vol.29 No.1、38-52ページ。

田中高［2012b］「キューバ社会主義体制の維持と ALBA の展開」山岡加奈子（編）『岐路に立つキューバ』岩波書店、113-139ページ。

田中高［2022］「Manuel Moreno Fraginals, *El Ingenio-Complejo Económico Social Cubano del Azúcar*, Crítica, 2001, 第9章の和訳」『貿易風—中部大学国際関係学部論集—』第17号、60-89ページ。

千葉泰雄［1987］『国際商品協定と一次産品問題』有信堂高文社。

中村誠司（編）［1937］『一九三一年チャドボーン協定より一九三七年倫敦砂糖協約まで 附 砂糖ノ生産及ビ販売ノ統制ニ関スル国際協約（一九三七年倫敦砂糖協約）正文仮訳』日本糖業連合会。

平島成望［1990］「一次産品問題の展開」平島成望・浜渦哲雄・朽木昭文編『一次産品入門』アジア経済研究所、3-16ページ。

平野哲郎［1969］「砂糖の貿易と国際協定」『アジア経済』第9巻第10号、1936

ページ。
藤瀬浩司［1994］「国際連盟と経済金融問題」藤瀬浩司（編）『世界大不況と国際連盟』名古屋大学出版会、1-68ページ。
松岡亮［1959］「第一部　砂糖の貿易と国際協定」『商品経済叢書５　世界の砂糖２』農林水産業生産性向上会議、2-70ページ。
山下久四郎（編著）［1937］『砂糖年鑑昭和一二年版』日本砂糖協会。
ロメロ イサミ［2022］「日本とキューバ革命―一九五九年のゲバラ使節団―」『国際政治』第207号、97-112ページ。

外国語文献

Ballinger, Roy A. [1971] *A. History of Sugar Marketing*, US Departmaent of Agriculture, Econonic Research Service, Agricultural Economic Research Service, Agricultural Economic Report No.1.
The Brussels Sugar Convention of 1931 [1931] *The International Sugar Journal*, August 1931, pp.391-401.
Dye, Alan [2005] "Cuba and Origins of the US sugar Quota," *Revista de Indias*, Vol.LXV, Núm. 233, pp.193-217.
Dye, Alan and Richard Sicotte [2006] "How Brinkmanship Saved Chadbourne: Credibility and the International Sugar Agreement of 1931," *Explorations in Economic History*, No.46, pp.223-256.
ECOSOC [1948] *Final Act and Related Documents: Interim Commission for the International Trade Organization*, April 1948, reference No. E/Conf.2/78.
Fakhri, Michael [2014a] "The Institutionalization of Free Trade and Empire: a study of the 1902 Brussels Convention," *London Review of International Law*, Vol.2, Issue 1, pp.49-76.
Fakhri, Michael [2014b] *Sugar and the Making of International Trade Law*, Cambridge University Press.
Hagelberg, G.B. and A.C. Hannah [1994] "The quest for order: a review of International sugar agreements," *Food Policy*, 19(1) pp.17-29.
League of Nations [1937] *International Sugar Conference: Held in London from April 5th to May 6th, 1937*, Series of League of Nations Publications, Official Number C.289.M.190.
McAvoy, Muriel [2003] *Sugar Baron: Manuel Rionda and the Fortunes of Pre-*

Castro Cuba, University Press of Florida.

Swerling, B.C. [1949] *International Control of Sugar, 1918-41*, Stanford University Press.

Tanaka,Takashi [2016] *Evaluación histórica de las relaciones económicas Japón-Cuba. Altas y bajas de las relaciones de interdependencia generadas por el azúcar de caña*, The Center for Integrated Area Studies, Kyoto University, CIAS Discussion Paper No.58, pp.1-18.

Taussig, F.W. [1903] "The End of Sugar Bounties," *The Quarterly Journal of Economics*, Nov., 1903, Vol.18, No.1 pp.130-134.

Taylor, Benjamin [1909] "The Brussels Sugar Convention," *The North American Review*, Sep., 1909, Vol.190, No.645 pp.347-358.

U.K. Government [1903] *International Convention relative on sugar, signed at Brussels, March 5, 1902*, Parliamentary Paper. Treaty Series No.7, 1903 [Cd.1535].

United Nations [1953] *International Sugar Agreement*, E/COF.15/15, November 1953 United Nations Publication sales No.: 1953.II. D.3.

US Department of State (DOS) [1946] *Suggested Charter for an International Trade Organization of the United Nations*, Department of State Publication No. 2508, Commercial Policy Series 93.

Viton, Albert [2004] *The International Sugar Agreements: Promise and Reality*, Purdue University Press.

おわりに

砂糖は実に興味深い作物である。奥深い農産品といってもよい。生産から精製のプロセスを経て、最終製品になるまでの過程は、農業と食品加工業＝産業（インダストリー）の性質を有する。広く歴史をたどると、カリブ海域の三角貿易に象徴される、西洋列強の砂糖をめぐる確執は、例えば英国の砂糖保護政策に反旗を翻した北米植民地の独立運動のきっかけの一つとなったし、砂糖プランテーションの労働力としてアフリカから連れてこられた奴隷は、今日に至るまで複雑な人種問題の根源となった。プランテーション農業という言葉が生まれたのも、ここからである。

砂糖の原料は、サトウキビと甜菜の二つに大別される。前者は温暖な地域で、後者は寒冷地帯で栽培される。日本では、サトウキビは奄美群島と沖縄本島、離島で生産され、甜菜は北海道でのみ栽培されている。北と南の双方の気候条件のもとで栽培されることは、先進国と発展途上国をめぐる利害対立の根因の一つとなってきた。例えば米国は、国内のサトウキビ農家、甜菜農家、精糖産業を守るために、歴史的にもまれな強固な保護政策を継続している。また砂糖取引には現代にいたるまで、一部の国家間の特別な取り決めにより量と価格が設定される特恵市場と、マーケットメカニズムに依る自由市場（以前は特恵市場の売れ残りを取引したので、余りもの市場と呼ばれたこともあった）の二つが厳然として併存している。

このような複雑な様相を呈する砂糖貿易の場裏において、かつて世界最大の砂糖生産国であったキューバの砂糖外交の軌跡を見ると、国際砂糖協定などグローバルな経済外交の場での経験知を遺憾なく発揮してきたことがわかる。ITO（国際貿易機関）設立を目指した1947年のハバナ会議の開催国として、さらにUNCTAD（国連貿易開発会議）の場などで、このような外交交渉力は見事に開花した。1959年の革命を境にして米国市場を失い、その代替として、当時世界有数の砂糖輸入国日本に向けて、指導者であったカストロ自身が積極的にアプローチしたことも、その事例の一つである。

しかしその後キューバの砂糖生産は不振が続き、今では国内消費を満たすのが精いっぱいで、輸出余力はない。また日本の砂糖輸入量も、人口減少と一人当たり消費量の頭打ちなどで漸減している。日本は長きにわたり国際砂糖協定の交渉の場で、有力な輸入国として発言し、一定の影響力を持っていたが、現在は国際砂糖協定から脱退してしまった。

南北と東西の両対立のプロセスを経て、現段階は一次産品取引の市場メカニズムの在り方をめぐる、発展著しいグローバルサウス（途上国と中進国）と超デジタル先進国の利害対立の時代といえるかもしれない。本書で論じてきたように、砂糖のグローバル・イシューのこれまでのありようは、何らかの参考になるのではなかろうか。

本書では日本精糖産業についても、可能な限りアップデートな情報を盛り込むよう心掛けた。精糖業界は特にコロナ禍以降大規模な再編成を経験していて、2021年三井製糖と大日本明治製糖が統合して、DM 三井製糖ホールディングス、2023年日新製糖と伊藤忠製糖が統合してウェルネオシュガーがそれぞれ発足した。甜菜は北海道農業に、サトウキビは特に離島において重要な役割を担っている。砂糖生産をいかに効率よく進め、競争力を高めていくのか、息の長い不断の努力が求められている。

筆者の研究者としてのスタートは中米地域研究である。中米３か国（エルサルバドル、グアテマラ、ニカラグア）にとり、砂糖は重要な地位を占めている。若干の土地勘もあり、この15年間は現地でのフィールドワークを続けながら、サトウキビ生産組合幹部とのヒアリングやデータの収集に努めた。その中締めとして、中米糖業の定性・定量分析を試みた。後者では供給関数、輸出関数について、簡便な回帰式を用いて分析した。この結果、総じて生産量と輸出量の相関性のあることが確認できた。特にグアテマラの砂糖産業の成長には目を見張るものがあり、特記すべきであろう。

「はじめに」でも述べたように、本書の最大の特徴は砂糖について植民地時代から現代までをカバーしていることである。そのメリットとデメリットについては、筆者もよく承知しているつもりである。世界システム論を踏まえたうえでの三角貿易の歴史的分析、精糖業の経営史的な視点、国際商品協定の貿易論と国際法上の分析枠組み、計量分析上の技術的な未熟さなど、数え上げればきりがない。にもかかわらず本書の刊行に踏み切るのは、砂糖に関する、特に近年の日本製糖業界再編成の動きも含めた総合的な研究が手薄なことがあり、一石を投じたいという気持ちがあるからである。グローバルな砂糖のイシューを取り扱う試みである。本書はよく言えば複合領域にまたがる学際的研究であろうし、その反対の見方としては、理論的な枠組みが脆弱な、広く浅い内容とも受け取られよう。

筆者がささやかに自負しているのは、日本国内の砂糖生産地（北海道、奄美群島、久米島など沖縄の離島）、台湾、中米諸国、キューバ、米国、メキシコ、ブラジル、タイ、フィリピン、ドイツなどの現場を、地域研究の手法を援用しながら訪ねてきたことである。既存の学問的な評価体系においては、その対象からは外れるかもしれない。思わぬ誤解、誤記などもあろう。大方のご叱正を賜りたい。

最後に、本書刊行までにお世話になった方々に、この場をお借りしてお礼申し上げる。文字通り多数にのぼるので、勤務先の皆様に限定する。フィールドワークなどでご協力いただいた方々については、可能な限り該当の章で記載した。中部大学産業経済研究所が募集する研究プロジェクトがなければ、本研究は不可能であった。同研究所の石田昌夫（元）所長、澤村隆秀（前）所長、森岡孝文（現）所長にお礼申し上げる。また山口直樹（現）経営情報学部長には、プロジェクトに参加いただいた。中野智章（現）国際関係学部長には、本書出版助成にご尽力を、加々美康彦『貿易風』（現）編集長は転載の便宜をはかっていただいた。吉南堂の兼子千亜紀代表は、校正を手伝ってくださった。最後に、出版に際し懇切丁寧なアドバイスをいただいた成文堂の飯村晃弘編集長と同編集部の松田智香子の両氏にも、この場をお借りしてお礼申し上げたい。本書は中部大学の出版助成を受けた。

2024年３月

田中　高

本書の基礎となった論稿一覧

田中高［2011］「キューバ貿易統計、外交文書の調査体験記」『アジ研ワールド・トレンド』186巻、25-26ページ。

田中高［2011］「キューバ：二重通貨制の実態」『ラテンアメリカレポート』第28巻第1号、66-76ページ。

田中高［2012］「日本・キューバ貿易と米国の対日政策―1960年代、キューバ糖貿易を巡る3カ国の外交姿勢とナショナリズム―」『国際政治』第170号、61-75ページ。

田中高［2012］「日本キューバ貿易小史―通商協定締結の軌跡―」『ラテンアメリカレポート』第29巻第1号、38-51ページ。

田中高［2012］「キューバ社会主義体制の維持と ALBA の展開」山岡加奈子編『岐路に立つキューバ』岩波書店、113-139ページ。

TANAKA, Takashi［2016］*Evaluación histórica de las relaciones económicas Japón-Cuba. Altas y bajas de las relaciones de interdependencia generadas por el azúcar de caña,*The Center for Integrated Area Studies, Kyoto University, CIAS Discussion Paper No.58, pp.1-18.

田中高［2016］「日本製糖業の現状と課題について―縮小する市場と経営環境―」『産業経済研究所紀要』第26号、37-60ページ。

田中高［2017］「日本製糖業の直面するいくつかの課題について―糖価調整法の行方―」『産業経済研究所紀要』第27号、1-25ページ。

田中高［2020］「中米糖業の成長要因について―エルサルバドル、グアテマラ、ニカラグアの定性・定量分析―」『貿易風―中部大学国際関係学部論集―』第15号、7-30ページ。

田中高［2021］「グアテマラを中心とする中米産砂糖の現況」『砂糖類・でん粉情報』7月号、61-67ページ。

田中高［2022］「Manuel Moreno Fraginals, *El Ingenio- Complejo Económico Social Cubano del Azúcar*, Crítica, 2001, 第9章の和訳」『貿易風―中部大学国際関係学部論集―』第17号、60-89ページ。

田中高［2023］「「自由貿易」という言葉は、大戦後わが国でどのように使われてきたのか―教科書、政府公文書、経済団体などの事例紹介と「埋め込まれた自由主義」の略述―」『産業経済探究』第6号、113-129ページ。

田中高［2024］「米国の農産物保護政策—砂糖の事例—」『産業経済探求』第７号、55-72ページ。

人名索引

ア　行

カ　行

サ　行

タ　行

ナ　行

ハ　行

マ 行

ヤ 行

ラ 行

事項索引

ア 行

カ 行

サ　行

タ　行

ナ　行

ハ　行

マ　行

ヤ　行

ラ　行

著者紹介

田中高（たなか　たかし）

1957年大阪府生まれ

1981年早稲田大学政経学部経済学科卒業後、筑波大学大学院地域研究科修士課程修了、神戸大学大学院経済学研究科博士後期課程単位取得満期退学。

国連開発計画（UNDP）職員、在ニカラグア日本大使館専門調査員、四日市大学を経て、2000年より中部大学国際関係学部教授。

ハバナ大学キューバ経済研究所客員研究員、オハイオ大学客員教授。

主な著作など

『中米・カリブ危機の構図』（細野昭雄・遅野井茂雄との共著）有斐閣　1987年

『日本紡績業の中米進出』古今書院　1997年

『ラテンアメリカ経済史』ビクター・バルマー＝トーマス著（共訳）名古屋大学出版会　2001年

『ニカラグアを知るための55章』（編著）明石書店　2016年

『エルサルバドルを知るための66章（第2版）』（共編著）明石書店　2024年

砂糖のグローバル・イシュー
——植民地時代から現代まで——

2024年10月30日　初版第１刷発行

著　者　田　中　　高

発行者　阿　部　成　一

〒169-0051　東京都新宿区西早稲田1-9-38

発行所　株式会社　成　文　堂

電話 03(3203)9201㈹　FAX 03(3203)9206

https://www.seibundoh.co.jp

製版・印刷　藤原印刷　　製本　弘伸製本

ISBN978-4-7923-5072-7　C3036

定価（本体5,400円＋税）